아이의 자존감을 높이는

7단계 대화법

아이의 자존감을 높이는
7단계 대화법

최유경 지음

부모의 작은 변화가 아이의 미래를 바꾼다
아이 말에 공감해 주는 것이 육아의 첫걸음

도서출판 프리뷰

시작하는 글

아이의 자존감을 높여 주는 공감대화법

아이를 데리고 병원을 찾는 엄마들로부터 육아에 관한 질문을 많이 받는다. 진료시간을 너무 많이 빼앗기기 때문에 그런 질문에 일일이 답변해 주기가 참 곤란하다. 하지만 어머니들은 속 시원한 답변을 듣기 전에는 진료실에서 나가려고 하질 않는다. 의사가 제대로 답변을 안 해 주면 어디에서 올바른 육아정보를 얻느냐고 하소연을 하기도 한다.

나 역시 연년생 딸 둘을 키우는 엄마로서 소아질병치료가 전문분야이지 육아문제는 본격적으로 연구한 게 아니라 난감할 때가 많다. 어디에서 정보를 얻어야 할지도 잘 알지 못했다. EBS 교육방송을 시청하고, 인터넷을 열심히 뒤져봐도 시원한 답을 얻기가 쉽지 않았다.

밤늦게까지 육아 관련서적을 뒤지기 시작하면서 아이들의 자존감에 관심을 갖게 되었다. 공부를 잘하고 돈을 잘 벌고, 이름을 날리는 사람이 된다고 해도 어릴 때 자존감이 낮게 형성되면 당당한 삶을 살기 힘들고, 성공의 의미도 많이 퇴색된다는 생각이 들었다. 어린 두 딸의 자존감을 높여주는 것에 육아의 초점을 맞추기로 했다.

아이의 자존감을 형성하는 기본 골격은 '놀이'와 '대화'이다. 아이들에게 있어서 놀이는 본능이자 생활이다. 아이들은 놀이를 통해 속 마음을 털어놓고 다른 아이들과 만난다. 놀이는 상상의 세계를 마음껏 펼칠 수 있는 활동이므로 아이들의 기를 살릴 수 있는 매우 중요한 수단이다. 신나고 재미있게 놀수록 아이들의 자존감은 올라간다.

아이들은 성장하면서 겪는 정서적인 갈등을 언어보다는 놀이로 해결한다. 1940년 독일군의 런던 공습 때 어른들은 대화를 통해 공포감을 해결하려고 한 반면, 아이들은 놀이를 통해 불안감을 해소했다. 블록쌓기로 집을 만든 다음 장난감 폭탄을 떨어뜨려 빌딩을 불태우는 놀이를 하고, 다친 사람들을 구급차에 실어 병원으로 이송하는 놀이를 했다. 이런 놀이과정을 통해 공포감을 해결해 나갔다는 조사결과가 있다. 아이들은 언어구사 능력이 부족하기 때문에 언어 대신 놀이로 마음을 치유하고 성장시킨다.

아이들의 자존감을 키워주는 내면의 힘이 놀이라면 외면의 힘은 대화이다. 아이들을 이끌어 주는 대화가 올바르지 못하면 아이들은 혼란을 겪는다. 부모가 뚜렷한 목적의식 없이 아이와 대화하면 평범한 아이는 보통 수준에 머문다. 하지만 부모가 지혜롭고 체계적으로 아이와 공감하는 대화를 통해서 아이의 자신감을 살려 주면 평범한 아이도 자존감이 커져서 당당하게 자랄 수 있다.

부모의 작은 변화가 아이를 변화시킨다

사실 나 자신도 이 책에 소개하는 대화법을 그대로 실천하기는 쉽지 않다. 글을 쓰면서 읽고 실천하고 반성하기를 수도 없이 되풀이했다. 그러니 독자 여러분도 이 책을 한 번 읽는 것으로 대화 태도가 확 바뀔 것이라는 기대는 하지 않는 게 좋을 것이다.

그러나 부모에게 나타나는 작은 변화가 아이들에게는 대단히 큰 영향을 미친다는 사실을 잊어서는 안된다. 아이들의 변하는 모습을 지켜보면서 부모는 자신의 언어습관을 바꾼 것에 대해서 큰 보람을 느끼게 될 것이다. 그러한 보람이 부모의 언어습관을 긍정적으로 변화시키는 원동력이 된다. 말이 씨가 된다고 한다. 아이들의 마음 판에 어떤 씨앗을 심어 주느냐에 따라서 어떤 열매가 맺힐지 결정된다.

우리 큰아이는 첫돌 전에 베이비시터가 네 번이나 바뀐 탓에 정서가 불안정한데다 예민하고, 겁도 많고, 편식도 심하고, 툭하면 울었다. 대화법 덕분에 이제는 두 아이 모두 매사에 적극적이고 늘 즐겁게 지낸다. 놀이, 체육, 음악, 미술, 영어 등 다방면에 자신감을 갖고 열심히 노력한다. 아이들이 이처럼 자신감에 넘치는 모습을 보는 것이 자존감을 키우는 육아법의 큰 매력이다.

내가 강조하는 대화법은 아이를 버릇없이 키우는 육아와는 엄연히 다르다. 유대인 가정에서는 부모가 아이를 독립적인 인격체로 존중하는 대화를 풍성히 나누고, 대화를 통해서 아이들의 창의력과 자아실현 욕구를 자극한다고 한다. 대화를 통해 아이들에게 욕구를 절제하고 감정조절 하는 법을 가르치고, 배려와 타협의 정신을 가르치는 것이다. 이런 유대인의 밥상머리 교육이 바로 자존감을 키우는 육아법이다. 자존감을 높여주는 육아는 이처럼 아이의 내면에 자리 잡은 자아실현과 성장의 욕구를 부모가 믿고 밀어주는 것이다.

반면에 오냐오냐 하는 식의 육아는 부모가 아이의 본능적인 욕구를 자제시켜 주지 못하고 무조건 받아주기만 하는 것이다. 부모들은 아이들을 한 인격체로 존중해 주면서 의견교환을 하는 것이 쉽지 않다는 말을 한다. 그것은 아이들의 욕구절제와 감정조절능력을 이끌어내는 대화법이 미숙하기 때문이다. 타협을 가르치지 않고 아이들의 뜻을 받아주기만 하면 아이들은 미성숙 단계에서 절제하는 법을 배우지 못해 혼란을 겪는다.

아이의 말을 잘 들어주는 것이 육아의 첫걸음

이 책에서 소개하는 육아법은 부모 말을 잘 듣는 아이로 키우기 위한 방법이 아니다. '아이의 말을 잘 듣는 부모'가 되기 위한 대화법이라고 하는 편이 더 정확할 것이다. 그래야 아이들의 자존감이 올라간다. 아이에게 명령, 지시, 판단, 비난하는 식의 말투는 부모와 아이 사이의 진정한 대화를 막는 장애물이다. 반대로 공감하고, 부탁, 질문, 칭찬, 격려하는 식의 말투는 아이들과의 대화를 진지하게 만드는 바탕이 된다.

초등학교 5 · 6학년생 10명 중 5명은 가족과 대화하는 시간이 하루에 30분도 채 안 된다는 조사결과가 있다. 아이들이 부모로부터 제일 많이 듣는 말이 '공부해라.' '숙제 했니.' '책 읽어라.' '살 빼라.' '휴대전화 그만 해라.' 등이고, 부모로부터 가장 듣고 싶은 말은 '사랑해.' '잘했어.' '학원 다니지 마라.' '실컷 놀아라.' '뭐 사줄까.' 같은 말이라고 한다.

이 책은 나 스스로 아이들에게 쓰는 대화의 방법을 바꾸면서 아이들이 보여준 세세한 변화와 생생한 경험담을 담고 있다. 우리 아이들은 지금 다섯 살, 여섯 살이다. 내 아이와 비슷한 연령대의 자녀를 둔 부모들에게는 공감되는 부분이 많이 있을 것이다. 병원에서 많은 어머니들의 육아고민을 들으면서 느낀 현실적으로 유용한 양육법들도 많이 소개하려고 노력했다. 첫돌 지난 아이에서부터 초등학생까지의 자녀를 둔 엄마들에게 실질적인 도움이 될 것이라고 믿는다.

독자들은 '이 소아과의사는 자기 아이를 어떻게 키울까?' 라는 호기심을 갖고 책을 펼쳐들 것이다. 이 책을 다 읽고 나면 아이와 나누는 독자들의 언어태도에 분명히 긍정적인 변화가 찾아올 것이라고 믿는다.

2015년 3월 최유경

글 실는 순서

Part 01

왜 자존감인가?

1 | 자존감이 중요한 이유

아동심리 상담사들이 소아 환자들을 심리치료할 때 가장 치료하기 힘든 케이스 가운데 하나가 자신감이 떨어져 매사에 의욕을 잃은 아이들이라고 한다.

이런 아이들은 심리치료를 시작하는 첫 단계에서부터 난관에 부딪치게 된다. 청소년들의 재능개발과 진로설계를 도와 주는 TMD 교육그룹 고봉익 대표의 말에 의하면 학생들의 재능검사를 할 때 자신감이 떨어져 자존감이 낮은 상태에서는 적성검사결과가 제대로 나오지 않는다고 한다. 그래서 이런 경우에는 먼저 학생의 낮아진 자신감을 올려주는 심리치료를 한 다음에 재능적성검사를 한다는 것이다.

자존감이 높은 아이는 대체로 친구도 많고, 자신의 판단에 대해 확신을 갖고 있으며, 새로운 과제가 주어지면 잘 해낼 수 있다는 자신감을 갖는다는 연구결과도 있다. 자신이 다른 사람에게 좋은 영향을 줄 수 있다고 기대하며, 자신의 의견을 말하는데 주저함이 없다. 문제가 주어지면 도전의식을 가지고 끝까지 매달려 해결하려고 하며, 혹시 실수를 하더라도 이를 순순히 인정하고, 좌절하지 않고 새로운 도전에 적극 나선다. 이런 아이들은 공감능력도 높아서 자기와 다른 사람의 차이를 인정하고 타인을 배려하는 자세를 갖는다.

이처럼 중요한 자존감을 향상시키기 위해서는 먼저 자존감의 본질을 이해하고, 연령별로 자존감이 형성되는 과정을 아는 게 도움이 된다.

자존감을 구성하는 두 가지 기본요소는 자기가치에 대한 생각과 자기효능에 대한 생각이다. 쉽게 설명하면 자기가치감은 한 개인이 자신의 가치에 대해 내리는 평가이고, 자기효능감은 자신의 능력에 대해 내리는 평가를 말한다. 이 두 가지가 합쳐져서 개인의 자존감을 이루는 것이다.

아이는 부모로부터 받는 사랑을 통해 자신이 사랑받을 만한 가치가 있는 존재라고 생각하고, 자신의 존재가치에 대해 긍정적인 인식을 하게 된다. 자신의 가치를 높게 인식하면 자신의 미래상을 이상적으로 꿈꾸게 되고, 성공과 실패라는 다양한 경험을 통해 자신의 능력에 대한 평가를 점점 높여간다. 자존감은 현재 자신의 모습과 미래에 꿈꾸는 이상적인 모습이 상호작용하면서 형성되는 것이다.

2 | 자존감은 어떻게 만들어지나

자존감은 형성시켜 주는 기본 뿌리는 자신을 키워 주는 양육자와의 애착관계이다. 영아는 양육자로부터 사랑과 보호를 받음으로써 자신의 가치를 알게 되고, 가치를 만들어가기 시작한다. 영아는 자신을 돌봐주는 양육자에 의해 비춰지는 자신의 모습, 다시 말해 거울반응(mirroring)을 통해 자신이 가치 있는 존재인지, 그렇지 않은 존재인지 감지하기 시작한다. 양육자가 아기를 보면서 나타내는 행복한 표정과 긍정적인 말투, 사랑스런 태도를 통해 아기는 '좋은 나' 를 경험하지만, 양육자의 우울한 표정과 부정적인 말투, 짜증스런 태도를 통해서는 '나쁜 나' 를 경험하게 되는 것이다.

양육자를 통해 비춰지는 '좋은 나'를 경험한 영아는 높은 자기가치감을 바탕으로 긍정적인 자아개념을 갖게 된다. 반면에 양육자에 의해 '나쁜 나'를 경험한 영아는 낮은 자기가치감을 바탕으로 부정적인 자아개념을 만들어 가게 되는 것이다.

첫돌 전의 아기는 자신을 알아보는 인지기능이 없기 때문에 자신을 키워 주는 양육자와 자신을 구분하지 못하고 양육자와 일체감을 느낀다. 양육자의 얼굴, 표정, 태도, 그리고 언어를 자신의 것인 양 그대로 받아들이는 것이다.

그러다 첫돌이 지나면서부터 자신을 양육자로부터 분리해서 생각하기 시작하고, 두 살이 되면 자율성이 높아져 자기주장을 펴며 떼를 쓰는 식으로 자신의 능력을 테스트하기 시작한다. 유아는 자신을 믿어주는 양육자의 신뢰감을 바탕으로 갖가지 시도를 한다. 그러면서 겪게 되는 좌절과 실패, 성공을 통하여 자기효능감을 높여간다.

두 돌이 지나면서 자율성이 증가하다가 4세부터는 주도성이 증가한다. 독립심을 가지고 성취지향적인 행동을 하고, 삶의 분명한 목적의식도 가지기 시작하여 실패하면 죄책감도 느낀다.

5세에 이르면 자기가치와 능력을 어느 정도 평가할 수 있게 되고 다른 사람들의 판단과 평가에 주목하면서 자기 역할에 대해서 가늠해보기 시작한다. 하지만 자신의 가치를 제대로 파악하는 능력은 부족하여 자신의 실제 능력과 이상적인 능력을 구분하지 못한다. 부모와 친구가 자신을 어떻게 생각하는가에 대한 지각능력 또한 부족하다.

8세가 되면 비로소 자신이 어떤 사람인지 지각하는 인식능력을 갖추기 시작해 자기개념과 자아상을 구체적으로 만들어 간다. 초등학교에 입학하게 되면 '개인으로서의 나는 누구인가?' 라는 자기개념을 학습을 통해 배우게 되고, 학교생활의 관계 속에서 드러나는 자신의 모습을 바라보면서 자아상을 만들어 가는 것이다.

3 | 타인의 눈에 비친 자신의 모습

사회학자 찰스 쿨리는 '거울에 비친 자기'(looking glass self)란 용어를 사용해 인간은 자신의 상상력 속에서 다른 사람들에 의해 반사된 자기 자신을 본다고 했다.

이때 타인은 사람들이 나를 어떻게 생각하는가에 대한 정보를 얻기 위해 자신이 쳐다보는 거울이다. 아이는 자신에게 의미 있는 타인이 자신을 높이 평가해 주는 모습을 통해서 자존감을 높여간다. 이때 아이에게 의미 있는 타인은 부모, 선생님, 친구 등이다.

타인의 평가를 통하여 자기 자신을 본다는 것은 자존감이 사회적 산물이며, 사회적 상호작용 속에서 형성된다는 사실을 보여 준다. 타인이 자신의 가치와 능력을 높이 평가해 주면 자신도 자기가치를 높게 평가하지만, 타인이 자신을 낮게 평가하면 자기가치를 스스로 낮게 평가한다.

거울에 비친 나쁜 모습의 자신을 보면서 자라는 아이가 있다고 치자. 주변 사람들의 판단과 비난에 의해 왜곡되어 나타나는 '거울 자기'

를 보면서 성장한 아이는 본능적으로 그러한 나쁜 거울 자기를 숨기고 싶어 한다. 그래서 사람들 앞에서 방어막을 치고 방어적인 행동을 한다. 나쁜 자아상을 숨기려고 거짓 언행을 하게 되는 것이다. 초기 경험이 긍정적이지 않아 자기가치를 내면화시키는데 실패하면 다른 사람의 시선을 과도하게 의식한다. 자신의 존재를 확인하기 위해 항상 타인의 행동과 반응에 신경을 쓰게 되고, 타인의 평가에 집착하게 된다.

반대로, 좋은 거울 자기를 보면서 자라는 아이가 있다고 치자. 타인과 긍정적인 유대관계로 높은 자존감을 갖게 되는 이 아이는 주변 사람의 평가와는 상관없이 자기 주관이 좀처럼 흔들리지 않는다. 타인들이 자신을 좋지 않게 말하더라도 크게 상처받지 않으며, 주변의 시선을 의식하지 않고 자신의 신념대로 꿋꿋이 행동하고, 어려움을 만나도 좌절하지 않고 잘 극복해나간다. 마음이 강한 아이로 자라는 것이다.

4 | 자존감을 높여 주는 공감대화법

공감을 잘하는 부모가 공감 잘하는 아이를 만든다.

부모로부터 비난, 설득, 권고, 훈계를 듣는 대신 자신의 마음에 먼저 공감해 주는 경험이 많은 아이는 자신이 귀하고, 존중 받는다는 느낌을 갖게 된다. 부모의 공감능력에 힘입어 아이의 자아가치는 높게 형성되며, 그것을 바탕으로 친구들과 공감하는 능력을 자연스럽게 갖추게 된다.

자존감이 높은 아이는 자신에 대해 당당하기 때문에 타인 앞에서 방어막을 치거나 방어적인 행동을 하지 않는다. 그렇기 때문에 타인과 공감하는 능력도 자연스럽게 높아지게 된다. 하지만 자존감이 낮은 아이는 낮은 자아가치를 숨기기 위해 방어막을 높게 치므로 상대방의 마음을 쉽게 읽어낼 수 없고, 낮은 자아가치를 숨기고자 방어적인 행동을 하므로 공감능력이 떨어진다.

아이의 낮은 자존감을 끌어올리려면 우선 낮은 자아가치를 숨기려고 만든 아이의 방어막을 제거해 주어야 한다. 아이 스스로는 그 방어막을 부수지 못하기 때문에 부모가 망치를 쥐어 주고 용기 있게 부수라고 격려해야 한다. 망치는 부모의 말, 다시 말해 부모의 언어습관이다. 아이의 방어막뿐만 아니라 부모 마음에 쳐진 방어막도 함께 이 망치로 허물어야 한다. 부모 자신에게도 낮은 자아가치를 숨기기 위해서 몇 십 년간 쌓은 마음의 방어막이 있기 때문이다.

부모와 자식 간에 자리 잡은 마음의 방어막이 허물어지면 그 다음에는 두 마음을 연결하는 공감다리를 건설해야 한다. 공감다리로 마음이 이어지면 비로소 진정한 소통이 가능해진다. 부모와 자식 간에 진정한 소통의 대화가 날마다 오가면 부모와 아이의 자존감은 함께 쑥쑥 올라간다.

Part 02

자존감을 높이는 7단계 대화법

• • • • • • • •

아이의 자존감을 키우는 대화법에는 모두 7단계의 원칙이 있다.

이를 세분하면 아이의 공감능력을 키워주는 대화 원칙으로

(1)속마음을 드러내기 (2)부탁하기 (3)마음을 읽어주기의 세 단계가 있고,

아이를 올바른 길로 인도하는 길잡이형 대화 원칙으로 (4)질문하기

(5)칭찬하기 (6)안된다고 말하기의 세 단계가 있다. 여기에

창의력을 강조하는 대화 원칙으로 (7)상상하기를 추가해 모두 7단계이다.

• • • • • • • •

공감대화 • 1단계

속마음을 드러내라

아이와 진정한 소통을 하기 위해서는 부모가 먼저 자신의 속마음을 솔직하게 드러내 보여 주는 것이 중요하다.

부모가 아이의 말에 공감한다는 것은 아이의 눈높이에서 아이의 감정과 생각을 이해해 주는 것이다. 결코 쉬운 일은 아니다. 부모가 아이의 뜻을 일방적으로 이해하려면 어려울 수밖에 없다. 부모가 아이에게 자신의 속마음을 숨긴 채로, 아이의 마음을 억지로 읽으려고 들면 부모와 아이 사이에 공감이 제대로 이루어지지 않는다. 아이와 진정한 소통을 하기 위해서는 부모가 먼저 자신의 마음을 솔직히 드러내주는 것이 무엇보다도 중요하다.

부모가 자신의 마음을 아이에게 표현하는 방법 중의 하나가 '나 전달법'(I- message)이다.

나 전달법이란 상대방, 다시 말해 아이의 입장에서가 아니라 '나'인 부모의 입장에서 느낀 감정으로 아이를 평가하는 방식이다. 그런 다음에 아이에게 원하는 요구사항을 말하는 것이다. 아이를 자신과 동등한 인격체로 존중해 주면서 서로 대화해 나가는 방법이다.

나 전달법으로 아이에게 말하다 보면 아이의 마음을 읽어주고 싶은 여유를 갖게 되고, 아이가 부모에게 원하는 요구사항이 뭔지 듣고 싶어진다. 나 전달식 표현은 부모 편에서만 아이에게 억지로 다가가는 일방통행이 아니라 부모와 아이 사이에 서로의 마음이 자연스럽게 오가는 양방통행을 가능케 도와준다.

아이와 공감대화를 하고 싶다면 부모부터 자신의 마음을 드러내줘야 한다. 부모가 자신의 마음은 숨긴 채로 일방적으로 아이의 뜻에 공감하려고만 하면 그 노력은 금방 지치고 만다. 아이도 부모의 마음을 읽을 줄 모르면 공감능력이 떨어진다. 자신의 뜻만 알아달라고 고집하는 외골수가 될 수도 있다.

아버지들은 술자리에서 친구들에게 속마음을 잘 내비친다. 어머니들은 카페에서 친구들과 마음속에 담아둔 것을 수다로 뱉어내며 스트레스를 푼다. 그런 방법으로 마음에 묵혀 온 감정들을 솔직히 드러내는 것이다. 이렇게 부모들은 좋은 분위기 속에서 친한 친구들에게는 감정을 잘도 내비치지만 막상 자녀들에게는 자신의 감정을 쉽게 드러내지 못한다.

부모는 아이와 대화할 때 자신의 속마음이 노출되는 것에 대해 막연한 두려움을 갖고 있다. 그래서 아이의 행동에 대해 자신의 의견을 말할 때 "너는~"이라고 하며 아이를 판단하는 식으로 말하기 쉽다. 예를 들어서 엄마가 아이에게 "너와 말할 때마다 느끼는 건데 너는 왜 그리 답답하니? 도대체 엄마가 몇 번을 설명해야 알아듣겠니?"라고 말한다면, 이 표현에는 아이가 답답하다는 판단과 속상하다는 엄마의 감정이

들어가 있다. 또한 엄마가 "너는 항상 엄마 말을 한쪽 귀로 흘려들어." 라고 말하는 판단 속에는 "엄마는 너와 진지한 대화를 하고 싶은데 네가 나의 의견을 그냥 흘려듣기 때문에 속상하다."라는 부모의 감정과 바람이 들어가 있다.

자기 주관과 생각이 강한 아이일수록 부모로부터 일방적인 판단을 받으면 자신을 방어하려고 기를 쓴다. 그래서 아이와 진솔한 대화를 하고 싶다면 부모가 일방적으로 아이를 판단하는 '너 전달법식'(You-message) 대화가 아니라, 부모의 감정과 바람을 먼저 솔직하게 표현하는 '나 전달법식'(I- message)의 표현이 좋다. 부모가 자신이 원하는 감정을 솔직하게 드러내면 아이에게 바라는 부모의 바람이 충족될 가능성은 훨씬 더 높아지기 때문이다.

칭찬에도 너 전달법식 칭찬과 나 전달법식 칭찬이 있다.

"너는 참 착하구나."처럼 부모가 아이의 성품을 일방적으로 판단하는 '너 전달법식' 칭찬은 엄연히 따지면 올바른 칭찬법이 아니다. 이런 칭찬을 들으면 심리적으로 반발하는 아이도 있다. 아이는 착하다는 판단으로 보상받기 위해서가 아니라 내면의 욕구를 충족시키기 위해 스스로 그런 행동을 자발적으로 한 것이기 때문이다. 착하다고 한 어른의 판단은 그런 아이의 진정한 마음을 몰라주는 표현이기도 하다. 자존감이 높은 아이일수록 어른으로부터 칭찬을 듣고 싶어서 선행을 하지는 않는다. 자신 안의 선한 욕구충족으로부터 동기를 얻고 칭찬받을 행동을 할 가능성이 더 높다.

"네가 동생에게 양보해 주는 것을 보니 무척 기쁘구나."라는 나 전달법식 칭찬은 착한 행동의 심리적 근원인 '기쁨'을 언급하고 있다. 이는 자신 안에 잠재해 있는 선한 욕구충족을 위하여 올바른 행동을 하고 기뻐하는 아이의 마음에 공감해 주는 효과가 있다. 아이의 행동에 대해서 부모가 긍정적인 감정을 보여주는 칭찬은 아이의 무한한 발전 가능성을 자극해 주며 자존감도 높여 준다.

아이와 어떤 대화를 하느냐가 아이의 자존감을 결정한다.

그러므로 아이가 말문을 트면서부터 시작하는 대화의 첫 단추를 잘 끼워야한다. 첫돌까지 부모는 아이가 원하는 대로 다 들어주면서 서로 안정적인 애착관계를 형성하지만 첫돌 이후부터는 "안돼! 지지!" 하면서 아이에게 절제를 가르치기 시작한다. 두 사람 사이에 힘겨루기가 시작되는 것이다. 그러면서 부모는 "우리 아이는 말을 안 들어요.""너무 고집이 세요.""울면 막무가내예요."라고 섣부른 판단을 하게 된다.

이렇게 첫돌 이후부터는 아이가 부모로부터 벗어나려는 자율성이 자라면서 부모와의 대립관계가 자연스럽게 만들어진다. 이 시기에는 부모의 통제가 필요하기도 하고, 아이를 설득시키는 대화가 요구되기도 한다. 이때는 아이가 "응!""아니!"라는 대답만 할 수 있어도 부모와 대화가 가능하므로 강압에 의한 통제보다 대화로 절제를 가르쳐주는 편이 낫다.

화난 표정이나 강압적인 분위기로 아이에게 "안돼!""하지 말라고 했지?"라는 식의 표현은 대화를 막는다. 진정한 대화는 부모가 아이에게 그러면 안되는 이유를 부모 자신의 바람과 감정을 알아듣기 쉽게 설명해 주고, 아이로 하여금 부모의 말을 들을지 말지를 곰곰이 생각하게 하는 것이다.

물론 아이가 위험한 상황에 놓일 수 있는 행동을 하거나, 절대로 하면 안 되는 행동을 하는 상황에서는 부모가 단호하게 제지해야 한다. 하지만 그런 상황을 제외하고는 부모의 생각을 아이에게 주입시키는 지시와 강요는 피하는 것이 좋다. 그런 말을 자주 들으면서 성장한 아이는 친구들에게도 지시하거나 강요하는 말투를 따라할 수 있다.

세 돌이 지나면 아이의 자아는 빠른 속도로 성장하게 되어 주도성이 커진다. 스스로 결정권을 행사해 실패와 성공을 다양하게 경험하며 성장한 아이는 자존감을 향상시킬 수 있는 기회를 많이 갖게 된다. 부모의 지나친 간섭과 강요, 억압보다 부모와의 열린 대화를 통해서 자기 스스로 문제해결책을 찾아가는 경험을 많이 한 아이는 유혹과 충동을 자제하는 자기조절능력 또한 키울 수 있다.

서로의 감정과 바람을 교환하는 대화로 어렸을 때부터 기반을 다져온 아이는 사춘기에도 부모와 커다란 충돌 없이 자신의 격동적이고 성난 감정의 파도를 무난히 잠재울 수 있게 된다. 그러면 부모와 소통의 맥도 무난하게 이어나갈 수 있다.

두 돌 지난 딸아이를 차에 태우고 가던 중에 벌어진 일이다. 가까운 곳에 가는 것이라서 아이에게 좌석 벨트를 채우지 않은 채 차를 운전하고 있었다.

나 … (뒷좌석에 있던 아이가 앞좌석으로 넘어오려고 하자 단호하게)넘어오면 안돼! 위험해. 오지 마! 오면 큰일 나!

아이 … (강하게 저항함) 갈 거야. 싫어!

나 … 안된다니까! 운전하는데 가만히 있어!

아이 … 가고 싶어. 으앙! (울음을 터트림)

나 … (나 전달법을 상기하며 차분하게) 엄마는 네가 앞좌석에 오면 앞 유리에 '쿵'하고 다칠까 봐 걱정이 되어서 오지 말라고 한 거야. (엄마의 감정) 차가 갑자기 '빽'하고 멈추면 머리를 다칠 수 있어. 그러면 병원에 가서 주사를 맞아야 해. 엄마는 네가 주사 맞는 것을 원하지 않거든.(엄마의 바람)

아이 … (울음을 멈추고)주사? 알았어.

내가 "위험해!""그러면 안돼!"라고만 했다면 아이와 대화를 하는 게 아니라 아이에게 명령을 한 것이다. 그러면 아이는 엄마의 태도에 겁을 먹고 겉으로 순응하는 모습을 보일 뿐 진정한 순종은 아니다. 하지만 안되는 이유를 엄마의 감정과 바람을 들어서 나 전달법으로 설명해 주면 아이는 엄마의 뜻을 공감해 주는 쪽으로 생각과 행동이 바뀔 수 있다.

부모 마음을 드러내는 나 전달법식 표현방법은 부모가 본 대로 말하기, 부모의 감정 표현하기, 부모의 바람 표현하기, 아이와 감정의 거리 두기의 네 가지로 나누어 설명할 수 있다.

1 | 부모가 본 대로 말하기

다음의 대화는 부모가 아이의 행동에 대해 내리는 평가로 가득하다.

"너는 요즘 엄마 말을 잘 안 듣는구나."
"동생은 잘 먹는데 왜 너는 안 먹니?"
"너는 너무 고집이 세."
"너는 참 착하구나."
"넌 역시 똑똑해!"

이런 식의 비교나 판단은 엄마의 성급한 평가로 아이의 변화가능성을 막는 것이다. 변화의 문을 닫아 버리는 언어들이다. 아이가 동생과 싸우고 울고 있을 때 '엄마는~' 을 주어로 엄마의 부정적인 감정을 드러내거나, '너는 늘 ~한다' 는 식으로 엄마의 평가를 내세우는 말을 하는 경우가 많다. 그러면 아이는 부모와 대화하고 싶은 마음이 싹 사라지게 된다. 부모의 감정 섞인 부정적인 판단은 아이에게 거부감과 반발심을 일으키기 때문이다.

부모의 판단을 꺼내기 전에 부모가 관찰한 사항을 먼저 차분하게 말해 주면 좋다.

"엄마가 보니 너는 ~하고 있네."식의 표현은 아이의 화나고 흥분된 감정을 가라앉히는데 도움이 된다. 이것은 일종의 '거울효과'이다. 아이의 현재 모습을 거울로 비춰주듯이 상황을 묘사해 주는 것이다. 그러면 아이는 자신의 모습을 부모의 언어를 통해 비춰보면서 나름대로 생각할 여유를 찾게 된다.

이처럼 부모가 아이의 구체적인 행위를 자신이 본 그대로 알려주면 아이는 부모가 관찰한 자신의 행동을 객관화시켜서 생각해 볼 수 있다. 아이는 자신이 한 행동을 되돌아보면서 그 안에 숨겨진 자신의 감정을 읽을 수 있고, 부모의 말에 더 귀 기울일 수 있는 여유를 찾게 된다.

CCTV 효과의 예를 엄마의 행동에 빗대어 설명해 보자.

문제행동을 하는 아이를 치료하기 위해 상담소를 찾은 엄마에게 심리사가 "제가 옆에서 관찰해 보니 어머니는 아이에게 언어폭력을 하시더군요."라고 말했다고 가정해 보자. 그러면 엄마는 심리사의 판단에 대해 순간적으로 거부감과 반발심을 가질 수 있다.

반면에 심리사가 엄마와 아이가 대화하는 모습을 찍은 CCTV를 보여준다면 엄마는 자신의 모습을 보고 마음이 좀 뜨끔할 것이고, 심하면 눈시울이 젖을지도 모른다. 동영상을 통해서 자신이 아이에게 언어폭력을 한 사실을 스스로 깨달을 수 있게 된다.

아이의 행동을 본 대로 표현하는 것은 부모가 아이에게 CCTV를 보여주는 것 같은 효과가 있다. 아이로 하여금 부모가 자신이 한 행동을 어떻게 봤는지 같이 느낄 수 있게 도와준다. 부모가 무엇에 대해 이야기하려는 것인지 쉽게 이해할 수도 있게 해준다. 아이의 행동에 대한 구체적인 관찰에 이어서 부모의 속마음을 드러내 주면 아이는 부모의 마음에 더 쉽게 공감할 수 있다.

다음 문항을 '본 대로 말하기'로 여러분이 바꿔보자. 직접 생각하면서 답을 달아보면 언어가 조금씩 바뀐다.

우리 아들 너무 뚱뚱하네.

→

예) 우리 아들 몸무게가 40kg이나 나가네.

너는 매일 아침마다 늦잠을 자는구나.

→

예) 너는 저번 주부터 8시 넘어서 일어나는구나.

방이 완전 돼지우리 같구나.

→

예) 바닥에 장난감이 여기저기 놓여 있네.

너는 예의가 없더구나.

→

예) 너는 아까 엘리베이터에서 할머니에게 인사를 안 하던데.

---

2 | 부모의 감정 표현하기

인간의 뇌는 크게 다음과 같이 3개의 층으로 이루어져 있는데 가장 아래 층인 지하에는 뇌간, 그 다음 1층은 변연계, 제일 높은 곳인 2층은 대뇌피질로 이루어져 있다.

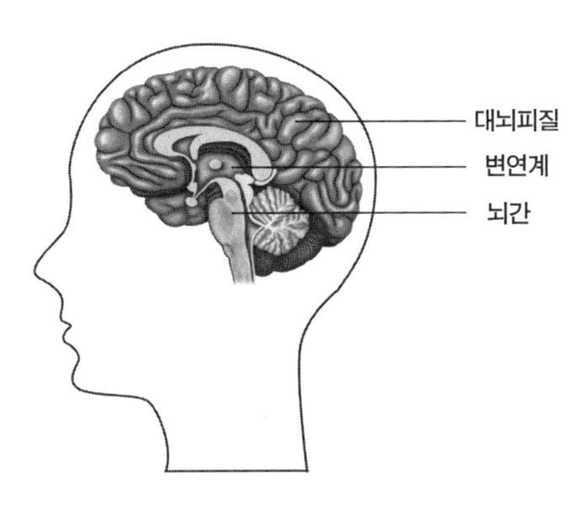

뇌의 삼층구조와 발달시기

가장 아래층(지하)인 뇌간은 호흡, 혈압, 체온조절, 심장박동 등 생명을 유지하는데 필요한 중추이다. 감정이나 사고와 같은 기능과는 전혀 관련이 없다. 생명유지를 위하여 대상이 적인지 아닌지, 피해야 할지 싸워야 할지, 먹이인지 아닌지를 구분하는 기능을 담당한다. 그래서 뇌간을 '파충류의 뇌' 라고도 부른다. 태어날 때부터 이미 완성되어 있다.

1층 변연계는 고차원적인 감정이 아니라 원시적인 감정을 느끼는 중추이다. 적을 만났을 때 뇌간이 대상을 '나보다 강한 적'이라 판단하면 변연계는 두려움을 느끼게 되고, '나보다 약한 적' 이라고 판단하면 변연계는 두려움이 아닌 화를 느낀다. 친한 동료를 만나면 뇌간은 동료임을 인지하고, 변연계는 반가운 감정을 느끼게 된다. 포유류가 꼬리를 흔들며 애정을 나타내거나 겁에 질려 움츠리는 등의 감정적 행동을 하는 이유도 이 부분이 발달했기 때문이다. 그래서 변연계를 감정의 뇌 또는 '포유류의 뇌' 라고 부른다.

변연계는 출생전 엄마 뱃속에 있을 때부터 제법 발달되어 있어서 아기들은 어머니와 정서적인 유대관계를 맺을 수 있고 다양한 감정들을 발달시키게 된다. 3세쯤이면 변연계 발달은 어느 정도 완성단계에 이른다. 그러다가 성욕과 충동성이 증가하는 사춘기 시기에 완성된다.

2층인 대뇌피질은 이성과 언어발달, 추상적 사고와 창의력, 학습과 기억 등에 관여한다. 특히, 뇌간과 변연계에서 나오는 충동을 억제하고 감정과 논리를 구분하여 감정이 불편하다 할지라도 논리적인 결론을 따르게 한다.

그 중에서도 이마 뒤 약 3분의 1을 차지하는 전두엽은 생각하고 판단하며, 우선순위를 정하고, 감정과 충동성을 조절하며 운동영역을 조절한다. 고도의 정신과 창조기능을 담당하고 있어서 '뇌의 총사령부 CEO' 라고도 부른다. 감정의 뇌에서 생기는 원시적인 감정을 고차원적인 감정으로 통합 조정하는 곳이다.

변연계와는 달리 전두엽은 발달이 매우 느리다. 전두엽은 초등학교 4~5학년까지 일차적으로 완성되었다가 사춘기 동안 대대적인 리모델링 작업에 들어가고 20세 전후까지 발달한다.

뇌발달 시기를 고려해 볼 때, 지적인 발달이 미숙한 아이에게 엄마가 이성적으로 따지면서 말하면 아이는 잘 이해하지 못한다. 반면에 감정의 뇌 발달이 거의 완성된 상태에 있는 아이에게 감정의 언어로 설득하면 아이는 엄마의 의견에 쉽게 공감할 수 있다. 아이들에게는 이성의 언어로 사고적인 접근을 하기보다는 감정의 언어를 사용해 감성적인 접근을 하는 게 더 효과적이라는 뜻이다.

네 살 난 형이 자기보다 어린 동생을 때렸을 때 엄마가 하는 말을 두 가지로 살펴보자. 첫 번째 방법은 이렇다.

"동생을 때리면 나빠. 동생은 아기니까 형이 보호하고 사랑해 주어야지. 동생을 때리는 것은 용납할 수 없는 일이란다."

이런 표현은 옳고 그름을 따지는 사고적인 접근이다.

두 번째 방법은 이렇다.

"동생을 때리니까 울고 있네. 동생이 엉엉 우니까 기분이 좋아? 형도 우는 동생을 보니 기분이 나쁘지? 엄마도 참 속상하단다. 엄마는 둘이 사이좋게 지내기를 바라거든."

이런 표현은 감정의 언어를 사용한 감성적인 접근이다. 사고기능을 하는 뇌보다 감정인식을 하는 뇌가 더 발달된 아이에게는 두 번째 표현방법이 엄마의 말에 공감하는데 도움이 된다.

부모가 아이에게 감정의 표현을 해줘야 하는 중요한 이유가 또 있다. 아이에게 자신의 감정을 조절할 수 있는 능력, 곧 자기조절능력을 키워주기 때문이다. 자기조절능력은 감정을 이성적으로 사용할 수 있는 능력인 정서지능과 직결되므로 인생의 성공과 행복에 매우 중요한 요소이다. 어릴 때부터 부모와 감정을 나누는 대화를 많이 나눔으로써 아이는 자기조절능력과 정서지능을 키워갈 수 있다.

그런데 감정을 이성적으로 표현하면 플러스 효과가 있고, 감정을 감정적으로 표현하면 마이너스 효과가 있다. 감정표현 방법은 원시적인 감정표현이 아니라 고차원적인 감정표현이어야 한다.

"엄마는 네가 동생을 때려서 실망했어."

"엄마는 네가 편식을 하니까 속상해."

이처럼 '나는 ~하다. 왜냐하면 네가 ~하기 때문이다.'라는 식의 표현은 부모의 감정에 대한 책임을 아이에게 그대로 떠넘기는 것이기 때문에 피해야 한다. 아이는 겁을 먹거나 반감을 가질 수 있다. 이것은 원시적인 감정표현이다.

이런 함정에 빠지지 않기 위해 '내 기분이 좋지 않은 것을 아이의 잘못으로 돌리려고 하는 건 아닌가? 아이가 내 말에 무조건 공감해 주기를 원하는가?'라고 스스로에게 물어보는 것이 좋다.

원시적인 감정표현을 고차원적인 감정표현으로 바꿔 보자.

"엄마는 너희들이 사이좋게 지내기를 바라기 때문에 실망했어."

"엄마는 네가 편식을 하지 않고 건강하게 자라기를 바라기 때문에 속상해."

이는 엄마의 감정을 바람과 연결하여 드러내 주는 표현방식이다.

바람이 충족될수록 감정은 긍정적으로 흐른다. 아이에 대한 바람이 크면 클수록 엄마의 감정은 예민해져서 변화의 기폭도 커진다. 아이에게 바라는 바가 별로 없으면 엄마의 감정도 무뎌져서 아이에게 별 감흥도 없다. 감정을 만들어주는 근원은 마음 안에 있는 깊은 욕구에 있다. 부모의 욕구 중에 가장 큰 비중을 차지하는 것은 자녀가 잘 되길 바라는 것이다. 부모의 감정은 아이에 대한 바람과 매우 깊은 연관성이 있다.

엄마가 느끼는 감정의 원인이 아이의 행동 때문이라는 표현은 아이를 속박하고 죄의식을 느끼게 한다. 하지만 엄마가 갖는 감정의 원인이 아이에 대한 바람에서 비롯되었다는 표현은 아이의 마음을 한결 가볍게 해주고 엄마에게 연민과 공감을 불러일으킨다. 그러면 아이는 죄책감을 갖거나 반발심을 갖는 대신 엄마의 말을 이해하기가 한결 더 수월해진다.

예를 들어 유치원 선생님이 자기 반 아이들을 돌볼 때는 감정조절을 잘해 훌륭한 선생님으로 인정받으면서도, 정작 자기 자녀가 하는 행동을 보고는 감정조절이 안 되어서 화를 자주 내는 경우가 있다. 자기 자녀 앞에서 감정조절을 잘 못하는 이유는 자식에게 바라는 기대치가 높기 때문이다.

부모는 일반적으로 자식에 대한 바람이 클수록 자식 앞에서 감정의 뇌가 민감하게 반응하고, 감정의 기복이 심해져 충동적으로 행동하게 된다.

작은아이가 생후 28개월 때 컴퓨터 모니터에 우유를 부은 일이 있는데, 나는 그걸 보고 순간적으로 화를 벌컥 냈다.

나 … 야! 모니터에 우유를 부으면 어떡해? 어이구 정말!

아이 … (갑자기 화내는 엄마를 보며 놀라서 울음을 터트림)

나 … (순간 감정조절을 못한 내 모습에 반성하고 태도를 바꿈) 얘야, 엄마는 모니터에 우유를 부으면 모니터가 망가질까 봐 걱정되어서 갑자기 화를 낸 거야.(감정 표현) 모니터가 고장 나는 것을 원치 않거든.(바람 표현) 화낸 것은 미안해. 하지만 너도 다음부터는 우유를 모니터에 부으면 안 돼. 그럼 모니터는 아파서 병원가야 해. 너도 모니터가 아파서 병원 가는 거 싫지?

아이 … (고개를 끄덕끄덕하면서 울음을 그침)

모니터에 우유를 부은 아이의 행동에 대해 화를 내는 나의 모습은 감정의 뇌인 변연계만 작동하는 동물적인 상태이다. 변연계는 '포유류의 뇌'이므로 그렇다. 그러나 화를 낸 감정의 이유를 나의 바람과 연결하여 설명한 다음에 아이에게 이해하기 쉬운 언어로 부탁하는 표현은 전두엽을 활용한 고차원적인 감정의 표현이다.

3 | 부모의 바람 표현하기

부모가 화난 감정의 책임을 아이에게 돌리는 것은 아이에게 부정적인 영향을 미친다.

만약 엄마가 "네 성적이 나쁘면 엄마는 마음이 아프단다."라고 말한다면 엄마의 행복이나 불행의 원인이 아이의 행동에 달렸다고 말하는 것이다. 언뜻 보면 아이에 대한 긍정적인 배려로 보일 수도 있고, 아이가 부모의 속상함에 대해 책임감을 느끼고, 미안해하도록 만드는 효력을 가질 수도 있다. 하지만 아이가 책임감 때문에 부모가 원하는 대로 태도를 바꾼다면, 그것은 마음에서 우러나온 행동이 아니라 죄책감 때문에 겉으로 보여주기 위해서 하는 행동일 뿐이다.

엄마가 아이에게 "넌 엄마를 한 번도 이해한 적이 없어!"라고 했다면, 아이로부터 이해받길 바라는 엄마의 바람이 충족되고 있지 않음을 드러내는 표현이다. 이렇게 부모가 자신의 바람이 충족되지 않은 것을 아이에 대한 판단으로 돌려서 표현하면 아이는 엄마로부터 비난받은 것으로 간주하고 자기방어에 나선다.

아이를 판단하는 대신 부모가 아이를 향한 바람을 감정과 연결하여 솔직하게 드러내주면 아이는 부모가 원하는 바가 무엇인지 깨닫고, 부모가 왜 속상해하는지 공감해 줄 가능성이 높아진다.

다음의 예문을 부모의 감정에 대해 아이가 죄책감을 갖도록 하는 표현 대신 부모의 감정과 바람을 솔직하게 드러내는 표현으로 바꿔 보자.

네가 집에 연락도 없이 늦게 들어와서 엄마가 무척 화났단다.

예) 나는 네가 연락도 없이 집에 오지 않아서 네게 무슨 일이 생겼을까봐
너무 걱정이 되어서 화났단다.

네가 이렇게 스마트폰만 보고 있으면 엄마는 정말 속상해!

예) 엄마는 네가 스마트폰보다는 오손도손 가족들과 재미있게 대화하길 원하기
때문에 속상해.

이렇게 자꾸 밥을 먹다 말고 남기면 어떻게 하니?
그러니까 엄마가 속상하잖아!

예) 엄마는 네가 많이 먹고 튼튼하게 자라기를 원하기 때문에 네가 음식을 남기면
엄마는 걱정스러워!

4 | 아이와 감정의 거리 두기

아이에게 정서적으로 너무 밀착되어 사는 부모들이 있다.

그런 부모들은 아이의 사소한 행동에도 예민하게 반응한다. 부모가 아이의 느낌에 책임이 있다고 생각하고, 아이를 기쁘게 해주기 위해 항상 애써야 한다고 생각한다. 아이가 행복해 보이지 않으면 무언가를 해줘야 한다는 강박감을 느끼고, 아이의 상태에 따라서 부모의 감정도 오르락내리락 반복한다. 부모도 아이 앞에서 쉽게 분노하거나 좌절하고, 감정이 예민해진다. 아이 때문에 화내고 다시 후회하는 일을 반복하면서 부모는 그러한 감정의 노예상태에서 벗어나고 싶을 것이다. 이런 관계는 아이로 하여금 부모라는 존재가 부담스럽게 느껴질 수 있게 한다.

부모가 자기감정의 주인이 되려면 아이와 멀찌감치 떨어지는 정서적인 분리가 필요하다. 부모 자신의 감정 상태를 아이의 탓으로 돌리는 사고 습관에서 벗어나는 것이다. 아이와 정서적인 분리를 한 부모는 속상한 감정을 아이 때문이라고 생각하기보다는 아이에 대한 자신의 기대치가 충족되지 않아서 속상하다고 인식한다. 부모가 화나는 이유가 아이 때문이라고 비난하면 아이에게 거부감이나 죄책감을 안겨줄 수 있다.

하지만 부모 자신의 바람이 충족되었는지 안되었는지에 초점을 맞추어서 말하면 아이는 부모의 속상한 감정이 자신의 잘못 때문이 아니라 부모의 기대치가 충족되지 않은 서운함에서 비롯된 것임을 깨닫게 되고 부모에게 연민을 느끼고 공감해줄 수 있는 마음의 여유를 갖게 된다. 너무 아이와 밀착되어 있으면 살짝 스치기만 해도 아프다. 어느 정도 거리를 두면서 사는 것이 서로에게 유익하다.

우리 집에는 특별한 규칙이 있다. 평일에는 TV를 시청하지 않고, 주말에 DVD를 한두 편씩 보는 것이다. DVD는 우리말로 들으면 영어로도 들어야 한다. 그런데 앞의 조항은 아주 잘 지켜지는데 뒤의 조항은 그렇지 않다. 큰아이가 영어로 들어야 하는 조항에 반감을 보이기 때문이다. 작은아이는 DVD를 보여주는 것만으로도 감사히 잘 보는데 말이다. 다섯 살짜리 큰아이를 나와 정서적인 분리를 하면서 설득하는 대화의 과정을 소개해 본다.

나 … 너는 누구를 위해서 영어 DVD를 본다고 생각하는 거야?

앎이 … 엄마를 위해서요. 엄마 때문에 보는 거예요.

나 … 네가 영어 DVD를 보면 엄마에게 좋은 점이 무엇인데?

앎이 … 엄마가 좋아하잖아요. 제가 영어로 보면요. (정서적으로 서로 밀착된 상태)

나 … 네가 닉 선생님과 영어로도 재미있게 말할 수 있기를 엄마는 원하기 때문에 네가 영어 DVD를 보면 기분이 좋아지는 거란다.(정서적으로 거리를 둔 나 전달법식 표현) 엄마는 네가 영어시간에도 행복해지기를 원하거든 (엄마의 바람). 너도 영어를 잘하고 싶지 않아? 너는 닉 선생님을 좋아하잖아.

아이 … 닉 선생님과 영어로 말하고 싶어요.

나 … 그러려면 노력이 필요해. 영어공부를 해야 영어를 잘 할 수 있단다. 영어 DVD를 자꾸 보다 보면 영어를 알아듣게 되고 영어로도 쉽게 말하게 된단다. 엄마는 어렸을 때부터 영어로 만화를 보지 못했기 때문에 영어로 말을 유창하게 못하는 거란다. 엄마는 이미 머리가 굳었거든.

아이 … 그래요? 그럼 영어 DVD를 볼게요!

나의 뜻에 공감한 뒤부터 아이는 엄마를 위해서가 아니라 자신을 위해서 영어 DVD를 본다고 생각하게 됐고, 자기발전을 위해 우리말로 듣고 싶은 욕구를 참고 영어 DVD를 볼 수 있도록 자기조절력을 키울 수 있게 되었다.

이번에는 둘째아이와 있었던 일화이다. 만 세 살 무렵 둘째아이는 화가 나면 물건을 던지는 습관이 있었다. 말로 타일러도 고쳐지지 않아 손들기 벌을 세웠다. 다시는 안 그러겠다는 다짐을 받고 손을 내리게 하였으나 아이는 여전히 삐쳐 있었다. 달래고자 안아주려고 했으나 아이는 냉정하게 거절했다. 나는 아이의 눈높이에 맞추어 내 몸을 낮추고 대화를 시도해 보았다.

처음에, 엄마한테 벌을 받아 화가 난 아이는 나의 위로를 받아들이지 않았다. 게다가 "너 때문에 엄마가 화났어!"라고 아이에게 죄책감을 갖게 하는 말을 한 것이 화를 더 돋우고 말았다. 이렇게 감정이 격해진 아이를 달랠 수 있었던 것은 아이와 정서적으로 거리를 두고 엄마의 바람을 표현한 덕분이었다.

나 … 너는 어떻게 해서 계속 화가 나 있는 거야?

아이 … 엄마가 날 괴롭혔잖아요.

나 … (순간 화가 치밀어 오르면서) 너를 벌세운 것은 네가 물건을 던져서 엄마가 화났기 때문이야. 엄마가 누구 때문에 화난 건데? 너 때문에 화난 거잖아! (아이와 정서적으로 밀착된 상태)

아이 … 아녜요. 엄마 때문이에요! (나의 말이 아이의 화를 더 돋구게 함)

나 … (순간 정서적으로 분리를 해야 함을 깨닫고)그래. 내가 잘못 말했다. (숨을 크게 몇 번을 내쉬면서 화를 진정시킴) 엄마는 네가 예쁘게 크기를 바라기 때문에 네가 물건을 던졌을 때 벌을 세운 거야. (정서적인 분리를 한 표현) 엄마는 네가 물건을 마구 던지는 나쁜 습관이 생길까 봐 걱정이 되었거든.(엄마의 감정을 표현) 너 때문에 화낸 것이 아니라 엄마가 너를 너무 사랑하기 때문에 벌을 세운 거란다. 네가 예쁜 습관이 생기길 간절히 바라거든.(엄마의 바람을 표현)

아이 … (성난 얼굴이 부드러워지면서 나에게 포근히 안김)

아이와 부모 사이에 갈등이 생겼을 때 아이의 감정을 달래주기 위해 부모의 바람을 감정과 연결시켜서 솔직하게 드러내주면 아이와 마음이 통하게 되고 아이의 화난 얼굴을 바로 웃는 얼굴로 바꾸는 경험을 하게 될 것이다. '자녀와 거리 두기'를 평생 못하는 부모님들도 있다. 자녀와 정서적인 분리를 하는데는 부록에 실은 감정조절법이 도움이 될 것이다.

공감대화 • 2단계

부탁하라

부모의 마음을 드러내주는 부탁은 아이의 공감을 얻어내기가 쉽다.
부모가 아이에게 무엇을 원하는지 진심을 표현하면
부모의 기대가 충족될 가능성은 더 높아진다.

아이는 자기 맘대로 하더라도 그 결과를 통해 귀한 깨달음을 얻는다. 부모가 굳이 명령이나 강요를 하지 않아도 자연스럽게 흘러가는 상황이 아이에게 교훈을 주는 것이다. 아이가 위험해지는 일만 아니면 아이의 결정을 존중해 주는 '부탁하기'를 실천하는 것이 좋은 대화법이다. 아이가 억지로 부모의 강요에 순종하면 부모에 대한 불만이 싹틀 수 있다. 반면에 아이가 '부모의 부탁을 들어줄 걸'이라는 생각을 뒤늦게라도 하게 되면 부모에 대한 신뢰감이 두터워진다.

아이가 부모의 부탁을 거절하고 자신의 뜻대로 하겠다고 고집을 피울지라도 그냥 두도록 한다. 그것이 나중에는 아이의 행동을 확실히 고쳐주는 소중한 체험이 된다.

다음의 예시를 통해 아이를 존중해 주는 부탁의 효과를 살펴본다.

둘째딸(세돌 때)은 놀이터에 가면 신발을 벗고 방바닥처럼 뒹굴며 거침없이 놀기를 좋아했다. 여러 가지 방법을 써보아도 놀이터에 방바닥처럼 앉고 눕는 버릇이 좀처럼 고쳐지지 않았다. 그래도 나는 화를 내거나 벌을 주지는 않았다. 아이의 소중한 놀이시간에 내가 자꾸 간섭하거나 잔소리하기도 싫었다. 다만 몸에 벌레가 들어갈 수 있다고 경고는 확실히 해두었다. 그러고 몇 달 후에 둘째아이가 밤에 항문을 가려워하기에 자세히 보니 요충이 기어 다니고 있었다. 나도 충격이었고 딸아이도 자신의 몸에 벌레가 있다는 사실에 충격을 받았다. 그 이후로는 놀이터에서 신발을 벗거나 함부로 앉지 않았다. 원인과 결과를 겪어보는 체험과정이 아이를 성숙하게 만든 셈이다.

아이는 엄마의 부탁을 거절한 결과를 직접 맛보고 나니 앞으로 엄마의 부탁을 들어주어야겠다고 깨닫게 되었다. 아이의 결정을 존중하되 아이에게 그에 따르는 책임을 지워 주는 것, 이것이 부탁의 힘이다. 아이가 부모의 부탁을 거절한 결과를 그대로 겪게 하는 것은 아이에게 부모의 뜻을 강요하는 가르침보다 더 지혜로운 경험이다.

'부탁하기'는 부드럽고도 놀라운 네 가지 힘을 갖고 있다. 첫째, 부모의 부탁을 들어줄까 말까 고민하면서 아이의 사고력이 커진다. 둘째, 자신의 의견을 존중하는 부모의 말투를 통해서 아이의 자존감이 향상된다. 셋째, 아이는 부모의 부탁에 대해서 스스로 한 결정에 뒤따라오는 긍정적인 결과와 부정적인 결과를 함께 가늠해 볼 수 있다. 그러면서 아이는 문제해결능력을 키워나가게 된다. 넷째, 부모의 부탁에 대해 주도적으로 결정을 내리면서 아이는 자기 인생에 대한 책임감도 자연스럽게 키우게 된다.

단, 아이의 건강이나 안전에 해를 끼치지 않는 범위 내에서 부탁해야 한다. 형제끼리 싸우거나 밤늦게까지 TV를 시청하고 있는 상황에서 부모가 아이에게 부드럽게 부탁하는 어법을 사용해서는 안된다. 아이가 해서 안되는 것은 안되는 것이다.

부모와 아이가 하는 대화를 가만히 살펴보면 "~해!""~하라니까!""~하라고!"와 같이 강요하거나 명령하는 언어가 많다.

부모의 그런 말투에는 아이의 문제해결능력과 자주성을 무시하고, 아이를 부모가 원하는 방향으로 조종하려는 우월의식이 잠재해 있다. 부모의 일방적인 명령과 강한 지시에는 자존감이 높은 아이일수록 거부반응을 일으킨다. "~해줄래?""~하면 어떨까?""네가 ~해주면 좋을 거 같아." 이렇게 끝말만 바꾸어도 아이가 받아들이는 느낌이 확 달라진다.

나도 아이를 키우면서 겪는 일이지만 엄마가 아이에게 지시를 해야 하는 상황은 수시로 일어난다. 지금도 툭하면 명령투가 튀어나온다. 아이들에게 "~해!"라고 명령했다가도 얼른 "~해줄래?"라고 부탁조로 부드럽게 바꾼다. 내 경험상 아이를 지배하려는 부모의 언어습관은 쉽게 고쳐지지 않는다. '나는 아직도 멀었어.' 하며 쓴웃음을 짓는 게 한두 번이 아니다. 그래도 나는 매일같이 아이들에게 부드러운 말투를 쓰려고 꾸준히 노력한다.

부탁이 받아들여질 가능성을 높여주는 언어로는 진심의 언어, 긍정의 언어, 실천의 언어, 감성의 언어, 공감의 언어 등 다섯 가지가 있다. 이런 언어들을 사용하는 대화법은 아이의 자존감을 높여주는데 확실히 효과가 있다.

1 | 진심의 언어

"TV는 그만 보고 공부 좀 하지 그러니?"

이런 부탁의 표현에는 아이에게 TV를 그만 보라는 메시지만 들어 있다. 엄마의 마음을 드러낸 표현이 아니다. 엄마의 느낌과 희망사항을 담아서 부탁하면 다음과 같다.

"엄마는 네가 TV만 하루 종일 봐서 좀 걱정이 되네. 중간고사가 얼마 안 남았으니까 틈틈이 준비해서 시험을 보면 어떨까? 네가 벼락치기로 공부하느라 힘들어하면 엄마도 마음이 아프거든."

부모의 마음을 드러내주는 부탁은 아이의 공감을 얻어내기가 쉽다. 아이가 부모의 마음에 공감을 일으킬 수 있기 때문이다. 이런 방법은 연민의 정을 내세워 아이의 마음을 움직이게 하는 것이다. 부모가 아이에게 무엇을 원하는지 자신의 진심을 아이에게 표현할수록 부모의 기대가 충족될 가능성은 더 높아진다.

다음은 아이가 엉뚱한 고집을 피울 때 나의 생각과 희망사항을 솔직하게 표현함으로써 나의 뜻이 아이에게 전달되도록 한 사례이다. 어느 날 저녁 무렵 친정에 다녀오는 길에 있었던 일이다. 우리 가족이 기차역내 식당에서 저녁식사를 하려고 국수집으로 들어서려는데 작은아이가(만3살) 이렇게 말했다.

"국수는 집에 가서 먹을 거야. 국수집에 들어가기 싫어. 싫어." 라고 하면서 막무가내로 고집을 피웠다. 가만히 살펴보니 아이의 안색이 좀 안 좋아 보였다.

"지금 저녁 먹기가 싫은 모양이구나. 그럼 아빠, 엄마와 언니는 지금 배가 너무 고파서 국수를 먹어야 하니까(부모의 욕구표현) 옆에 앉아서 기다려 줄 수 있겠니? 그렇게 해준다면 정말 고마울 거야.(부모의 감정표현)"

이렇게 나의 희망사항을 정중하게 부탁하니 아이는 자비를 베풀어 주는 냥 고개를 끄덕이면서 우리가 먹는 동안 옆에서 어른스럽게 기다려 주었다.

아이가 고집을 피우면서 떼쓸 때는 설득하려고 애쓰기보다는 엄마의 진심을 담아서 아이의 의견을 정중하게 물어봐 주는 게 효과적일 수도 있다. 아이는 나름대로 자존심이 있어서 자신이 결정한 선택 안에 대해서는 지키려고 노력한다. 부모의 뜻에 응해주는 쪽으로 결정해 주면서 아이는 으스대기도 한다.

다음의 부탁을 진심의 언어를 사용한 부탁으로 바꿔보자.

오늘은 추우니까 바지와 코트를 입고 가지 그러니?

예) 엄마는 네가 치마랑 점퍼를 입고 가면 추워서 감기 걸릴까 봐 걱정이 되네.
(엄마의 감정) 야외놀이도 할 텐데 말이다. 바지와 코트를 입고 가는 게 어떨까?

이제 텔레비전은 그만 보고 책을 보지 그러니?

예) 텔레비전은 자신감을 쪼그라지게 만들고 책은 자신감을 크게 만든대.
자신감이 작아지면 기분이 나빠지고 자신감이 커지면 기분이 좋아진단다.
엄마는 네 자신감이 쑥쑥 커져서 네가 행복하게 살기를 원한단다.
(엄마의 바람) 텔레비전보다는 책을 보는 게 어떨까?

2 | 긍정의 언어

사람의 심리는 상대방이 하는 긍정의 언어에는 호감을 보이고, 부정의 언어에는 반감을 보이는 경향이 있다.

이런 심리적 효과를 이용하여 부탁하면 아이는 부모가 바라는 쪽으로 생각을 바꿀 수 있다. "~하지 마!" "안돼!"라고 하면 아이에게는 부모가 바라는 방향과 반대로 가고 싶은 반동심리가 발동할 수 있다. 이것은 당연한 현상으로 청개구리 같은 아이들이 꼭 이상한 것만은 아니다.

부모가 강하게 내뱉는 부정적인 언어는 아이의 마음을 차갑고 딱딱하게 만든다. 부모가 하는 강한 부정의 말에 아이는 경직되어서 겉으로는 순종할 수 있으나 속으로는 반감을 갖게 된다. 부모가 원하는 대로 아이가 마음속에서부터 진심으로 따라주길 바란다면 긍정의 언어로 따뜻하게 설득하는 권유가 더 효과적이다.

"야채를 먹으라고 했잖아! 야채를 안 먹으니까 변비가 더 심해지지."

이 말은 부정의 언어로 명령하고 있어서 아이에게 거부감과 반감을 일으킨다. 이것을 긍정의 언어로 바꾸어 보자.

"야채를 안 먹으니까 응가 눌 때 많이 힘들었지? 야채를 많이 먹으면 응가가 쑥쑥 잘 나오니까 응가 할 때 하나도 안 아파. 응가를 시원하게 누면 몸이 가벼워져서 팔짝팔짝 뛸 수도 있단다. 신나게 놀 수도 있고."

이처럼 긍정의 언어를 사용한 설득조의 부탁은 아이의 고정관념까지 바꿀 수 있다.

'바람과 해님'의 우화를 살펴보자.

바람과 해는 나그네의 옷 벗기기 시합을 했다. 자신만만한 바람은 센 바람을 일으켜 나그네의 옷을 단숨에 날려버리려 했다. 하지만 강하고 거센 바람에 나그네는 두 손으로 옷을 더 꽉 움켜잡았다. 바람은 부정의 언어로 강요하는 부모와 같고 나그네는 그런 부모에게 반발하는 아이와 같다.

이와 달리 해가 따스한 햇볕을 비춰주자 움츠렸던 나그네는 몸을 펴고 모자와 겉옷을 벗었다. 해는 긍정의 언어로 따뜻하게 부탁하는 부모와 같고 나그네는 부모의 뜻에 순응하는 아이와 같다.

과연 자신이 아이의 옷을 벗기기 위해 바람 같은 부모였는지, 아니면 해 같은 부모였는지 되돌아 볼 필요가 있다. 사실, 나도 해 같은 부모가 되고 싶었으나 바람처럼 행동할 때가 정말 많았다. 알면서도 실천하지 못하는 지식이 무슨 소용이 있겠는가. 나의 지침이 나에게 울리는 꽹과리가 되지 않길 바랄 뿐이다.

다음의 대화를 바람의 언어에서 해의 언어로 바꿔보자.

집에 목걸이와 반지가 넘쳐나는데 또 사달라고 하니?
욕심이 많구나. 그만 샀으면 좋겠다. 좀 참으면 어떨까?
(부정적 언어가 많이 쓰임)

예) 집에 목걸이와 반지가 많단다. 또 사고 싶은 너의 마음은 알겠지만 이 세상에 네가 갖고 싶은 것을 다 살 수는 없단다. 돈을 아껴서 모았다가 너에게 정말 필요로 하는 것을 다음에 와서 사자꾸나. (긍정적 언어가 많이 쓰임)

3 | 실천의 언어

아이가 뒤죽박죽 어질러 놓은 거실을 보면 한숨이 푹푹 나오고, 어디서부터 정리를 해야 할지 엄두가 안 난다. 아이들이 너무 많이 어지르면 엄마는 치우고 싶은 의욕이 떨어진다. 아이도 마찬가지이다. 아이에게 왕창 어질러 놓은 거실을 정리하라고 하면 거부감이 더 커진다. 스스로 정리하는 습관을 가지기 바란다면 아이가 조금 어지르고 치우고, 조금 어지르고 치우는 훈련을 단계적으로 시키는 것이 좋다.

산 정상에 오르기를 예로 들어보자. 산기슭에서 산봉우리를 쳐다보면 한없이 높아 보인다. 언제 올라가나 너무 어렵고 막막해 보인다. 그러나 조금씩 쉬면서 올라가면 어느새 정상에 다다르게 된다.

아이에게 부탁할 때도 마찬가지이다. 아이는 어떻게 시작하고 어떤 단계를 거쳐야 할지 모른다. 아이가 해야 할 일을 작은 일들로 쪼개서 하나씩 단계적으로 부탁하면 아이가 받아들일 가능성이 높아진다. 이때 구체적인 실천의 언어로 부탁하면 아이는 부모가 원하는 대로 해주기가 더 쉬워진다. 막연하고 추상적인 표현 대신 구체적인 실천의 행동언어를 사용하면 부모의 부탁에 쉽게 다가갈 수 있다.

"동생 때리지 말라고 그랬잖아. 장난감을 뺏었다고 동생을 때리는 것은 안돼!"

이런 말을 들으면 아이는 반감부터 갖게 된다. 이것을 구체적인 실천의 언어로 바꾸어 보자.

"언니가 때리니까 동생이 엉엉 울고 있네. 그러면 동생은 더 화가 나서 장난감을 계속 빼앗으려고 한단다. 말로 잘 타일러서 그러지 말라고 예쁘게 부탁하면 동생이 네 말을 잘 들어줄 거야. 동생이 언니를 너무 좋아하니까 같이 놀고 싶어서 장난감을 빼앗은 거란다."

장난감을 빼앗겨서 화가 난 형에게 엄마가 어떻게 하라고 구체적인 실천언어로 권유하되 그렇게 행동해야 하는 이유를 아이 수준에 맞게 설명해 주는 것이다. 부모가 원하는 내용이 무엇인지 연령대에 맞춰 알아듣기 쉽게 아이가 실천할 수 있는 수준으로 말해준다.

둘째아이가 세 돌 지날 무렵 어질러 놓은 거실을 정리하라고 막연하게 말했더니 아이는 거실에 놓여 있는 쓰레기, 책, 장난감들을 식탁, 책상, 선반에 모조리 올려놓았다. 사실 이것도 억지로 정리를 한 것이다. 둘째아이는 정리하라는 말을 매우 싫어한다. 정리하기 싫어서 딴청을 피운다. 분류와 구분의 개념이 미숙해서 그럴 수도 있다. 이런 경우에는 아이 수준에 맞게 이것은 여기에 넣고 저것은 저기에 넣으라고 분류하는 방법을 실천의 행동언어로 부탁하면 거부감을 줄일 수 있다.

지하철에서 물건을 파는 어느 노인의 이야기이다.

노인은 승객들에게 어디에 사는 누구라고 자신의 이름을 밝히고 자신의 나이가 몇 살인지 말한다. 자식들의 삶이 여유롭지 못해 그들에게 의지하지 않으려고 작은 노점을 차리는 목표를 세웠다고 했다. 그럴 자금을 마련하기 위해 볼펜을 팔고 있다면서 지금까지 모인 액수를 통장으로 보여주기까지 했다. 그 노인의 도와달라는 부탁이 얼마나 구체적인지 사람들로부터 박수갈채를 받았다. 당연히 볼펜은 많이 팔렸다. 이 노인은 볼펜을 많이 사달라는 부탁만 하지 않고 승객들에게 노점을 차리겠다는 목표와 목표를 세운 이유와 돈을 모으는 계획과 과정까지 알려주면서 도와달라고 부탁한 것이다.

이 노인처럼 부모도 아이에게 부탁을 하는 이유와 부탁을 하는 목적을 말하고, 구체적인 계획을 세워 실천의 행동언어로 부탁하면 아이가 엄마의 부탁을 들어줄 가능성이 높아진다.

아이에게 거실을 치워달라고 부탁할 때 이렇게 말한다.

"어질러 놓은 거실을 정리해주면 좋겠다(목표). 조금 있으면 손님이 오시기 때문이란다(이유). 인형은 여기에, 블록은 저기에, 차는 이 박스에 넣어주렴. 어디에 넣어야할지 모르는 물건들은 엄마에게 줄래? 그것은 엄마가 도와줄테니.(구체적 계획을 행동언어로)."

이처럼 목표를 세우고 구체적인 계획을 행동언어로 부탁하면 아이가 꼼짝달싹 못하고 부탁을 들어줄 수밖에 없다.

부탁하기 전에 미리 성공전략을 세우고 아이에게 능수능란한 부탁을 해보자. 아이는 선뜻 엄마의 부탁에 응해줄 것이다. 어설프게 부탁하면 실패하기 쉽다.

다음 예시문을 구체적인 계획을 세워서 아이에게 부탁하는 문장으로 바꾸어 보자.

숙제를 다 하고 놀이터에 가지 그러니?

예) 숙제를 먼저 해놓는 것이 좋겠다.(목표)
오늘 숙제는 엄마가 보니 시간이 오래 걸리겠더구나.
까딱하면 밤늦게까지 해야 할 수도 있겠다. 놀고 난 뒤 숙제를 하면 밤에는 졸려서 네가 숙제하기가 더 힘들어질 거야.(이유)
숙제양이 많으니 엄마가 옆에서 도와주겠다. 빨리 하는 방법을 같이 연구해보자꾸나. 빨리 끝내야 네가 마음 놓고 놀이터에서 실컷 놀 수 있지 않겠니? (구체적인 계획)

4 | 감성의 언어

사람에게는 자기 자신을 마음이 너그럽고 남을 위하는 마음을 가진 인물이라고 생각하려는 성향이 있다. 미국의 유명한 은행가인 J.P. 모건은 이렇게 말했다.

"보통 인간의 행위에는 두 가지 동기가 있다. 하나는 그럴듯하게 보이도록 포장된 동기이고, 다른 하나는 진짜 동기이다."

인관관계 소통의 대가인 데일 카네기는 인간은 이상주의적인 면이 있어서 자신의 행위에 대해 아름답게 미화된 이유를 붙이려는 성향이 있다고 말했다. 상대방의 생각을 바꾸려면 그럴듯하게 멋있는 이유를 붙이고 싶어 하는 마음에 호소하는 것이 유리하다.

존 D. 록펠러 2세는 어떤 신문이 허락도 없이 자기 가족사진을 신문에 실은 것을 발견하고 편집자에게 편지를 보냈다.

'가족사진을 신문에 싣는 건 곤란합니다. 나의 아이들까지 세상에 노출시키는 것은 옳지 않습니다.' 라고 이성에 근거해 옳고 그름을 따지지 않고 그는 다음과 같이 인간의 감성에 호소하는 편지를 썼다.
"아이를 키우는 분이라면 아시리라 생각합니다. 사진이 세상에 노출되면 아이들에게 너무 가혹한 일입니다."

아이들은 전두엽 발달이 미약하여 이성적인 사고가 부족하다. 하지만 세 돌이 지나면 감정을 조절하는 뇌 발달은 거의 완성되기 때문에 다양한 감정을 인지할 수 있다. 이성적인 사고의 언어보다 감성적인 감정의 언어가 더 아이의 마음에 와 닿는다. 합리적인 사고가 필요한 표현보다는 아이의 감정을 최대한 활용하는 감성적인 전략을 펴는 게 좋다.

아이의 마음을 움직이는 것은 부모의 사랑이 으뜸이다. 사랑의 기술로 아이에게 권하면 좋다. 부모가 원하는 것을 얻기 위해 이성적인 어조로 따지는 차가운 태도는 아이가 부모의 부탁을 들어주는 데 오히려 방해가 된다. 설령 아이가 부탁을 들어준다고 할지라도 그건 우러나와서라기보다는 억지로 들어준 것일 뿐이다.

사랑이 가득한 눈빛과 부드러운 어조, 따뜻하게 잡아주는 손길로 감성적인 호소를 하면 아이의 마음은 쉽게 움직인다. 어른보다 덜 이성적이고 훨씬 더 감정적인 아이에게는 감성적인 전략이 성공할 가능성이 높다.

그런데 감성적인 간절함으로 부탁했으면 거기까지다. 거기서 더 길어지면 오히려 역효과를 낸다. 감성적인 간절함에 그치지 않고, 아이의 결정과정에까지 간섭하려 들면 반감을 사게 된다. 감성적인 전략을 펴기로 했다면 끝맺음도 멋져야 한다. 아이가 부모의 간절한 부탁을 거절했다고 해서 부모의 태도가 돌변하면 곤란하다. 그렇게 하면 부모의 권위는 떨어지게 된다.

아침에 스쿨버스를 타야 할 시간이 가까워지는데 아이들이 노느라고 양치질도 하지 않고 옷도 안 갈아입고 있으면 나는 순간 화가 치밀어 오른다. "어서! 준비해! 차 놓치면 어떡해? 시간 다됐어!"라고 소리를 버럭 지르고 싶다. 하지만 그런 마음을 억누르고 아이에게 감성의 언어로, 사랑스럽고 간절한 어조로 이렇게 부탁해 본다.

"얘야! 차 탈 시간이 가까워졌다! 이젠 그만 놀고 어서 양치질하고 옷을 갈아입었으면 좋겠다. 엄마는 우리 딸에게 화내면서 빨리 준비하라고 하고 싶지 않단다. 사랑하는 딸과 웃으면서 재미있게 준비하고 싶거든. 우리 딸의 머리도 예쁘게 빗어주고 싶고 말이야. 즐겁게 준비하면 우리 모두 아침부터 기분이 좋아질 것 같지 않니?"

감성의 언어로 간절하게 부탁하는데도 아이가 아랑곳하지 않고 계속 놀기만 한다면 그 상황은 또 어떻게 견뎌야 할 것인가? 그렇다고 사랑의 어조를 돌연 분노의 어조로 바꾸면 안된다. 스쿨버스를 놓치고 택시를 타고 가는 상황이 벌어졌다고 가정해 보자. 택시 안에서 아이에게 미안함을 갖게 만들고, 야단을 친다면 부모는 아이에게 스쿨버스를 놓치지 않기 위해 빨리 준비하라고 강요했던 것이지 어서 준비해 주면 좋겠다고 부탁한 게 아니었음이 드러난다. 다시 말해, 그것은 부탁으로 위장한 강요였다. 부탁이었는지 강요였는지 판가름은 아이가 엄마의 부탁을 거절했을 때 보이는 엄마의 반응으로 여실히 드러난다. 엄마가 아이에게 부탁하기로 결정한 사항은 끝까지 부탁으로 밀고 나가야 한다. 부탁의 힘은 아이가 부탁한 사람의 마음을 받아들이고, 자발적으로 행동을 수정하도록 만드는 데 있기 때문이다.

만약 빨리 준비하라는 엄마의 부탁에도 불구하고 계속 놀아서 스쿨버스를 놓치고 엄마와 택시를 타고 가는 상황이 벌어졌다고 가정해 보자. 택시 안에서 아이는 생각할 것이다. 화내지 않고 묵묵히 침묵을 지키는 엄마를 보면서 아이는 안쓰럽기도 하고 엄마가 택시비를 지불

하는 모습을 보니 아깝기도 할 것이다. 다음에는 엄마의 부탁을 들어 주어야겠다고 아이는 스스로 깨닫게 될 것이다.

자기 스스로 결정한 행동의 결과를 직접 경험하는 것은 아이에게 매우 귀한 교훈이다. 준비물을 잘 챙기고 가라는 엄마의 부탁을 귀담아 듣지 않고 수업시간에 준비물이 없어서 곤란했던 경험을 하면서 아이는 성숙해진다. 밥 먹기 싫다고 하는 아이에게 억지로 밥을 먹일 필요는 없다. 밥 대신에 간식거리는 없다고 미리 말을 해두자. 그렇게 굶는 체험을 해봐야 스스로 챙겨먹어야겠다는 자극을 받게 된다. 경험이 최고의 선생님이다. 부모가 애써 훈계를 하지 않아도 삶이 알아서 아이를 가르친다. 아이 스스로가 결정한 선택 안에 따라 어떤 영향이 나타날지를 직접 체험하면서 아이의 의사결정능력은 성숙해진다.

만약 아이가 무슨 일이 있어도 스쿨버스를 타고 가야 할 상황이라면 '공감대화 2단계 부탁하라' 형태로 말하면 안된다. 그럴 땐 '공감대화 6단계 안된다고 말하라' 형태로 처음부터 단호하게 말해야 한다. 부모의 권위로 아이가 어서 준비하도록 해야 한다. 아이에게 부탁을 해야 할 상황인지 아니면 단호하게 규제를 해야 할 상황인지 먼저 현명하게 판단한 후에 아이와의 대화를 유도해 나가야 한다.

부탁과 규제의 표현을 부모 자신이 혼동해서 우왕좌왕하면 부모의 권위가 견고히 세워지지 않는다.

다음의 부탁을 감성적인 언어로 바꿔보자.

서로 싸우지 말고 사이좋게 지내면 안되겠니?

예) 엄마는 너희들이 서로 사랑하며 지내면 정말 좋겠다.
앙앙 우는 소리가 들리면 엄마는 짜증이 나고 화기애애하게
웃는 소리가 들리면 엄마는 행복해진단다. 둘이서 재밌게 놀면 얼마나 좋을까?

5 | 공감의 언어

부모가 아이에게 "목욕하고 노는 것이 어떨까?"라고 말했을 때 이것은 부탁일까 아니면 강요일까? 어느 쪽인지는 아이가 부모의 요구를 거절했을 때 부모가 어떤 반응을 보이는지를 보면 알 수 있다.

아이가 "목욕은 이따가 저녁 먹고 할래요. 지금은 좀 쉬고 싶어요."라고 대답하자 부모가 "그렇게 피곤해 보이지 않아 보이는데. 지금 네 몸에서 땀 냄새가 얼마나 풀풀 나는지 아니? 어서 씻고 오렴!"이라고 대응했다면 부모가 한 말은 부탁이 아니라 강요였음이 드러난다. 휴식이 필요하다는 아이의 말에 공감해 주는 대신 아이를 비난했기 때문이다. 하지만 "네가 많이 피곤한가 보구나. 그래 그럼 쉬었다가 이따가 목욕하렴."이라고 공감해 주었다면 부모가 앞서 아이에게 한 말은 아이의 의사를 존중하면서 입장을 물어본 진정한 부탁이었다.

이와 마찬가지로 부모가 아이에게 "토요일에 가족이 다 함께 극장에 가면 어떨까?"라고 물었을 때 아이가 친구와 약속이 있어서 갈 수 없다며 거절했다고 치자. 그 말에 부모가 "우리 가족이 함께 모일 기회가 별로 없다는 건 너도 알잖니? 너는 가족보다 친구가 더 소중하구나. 네가 가족의 소중함을 안다면 친구와의 약속을 뒤로 미루는 게 당연하지 않겠니?"라고 말했다면 그것은 아이에게 가족을 사랑하지 않는다는 죄의식을 느끼게 만들고, 친구와의 약속을 취소하라고 강요하는 것이다. 만약 가족과 극장을 같이 갈 수 없다는 아이의 대답에 부모가 공감을 해준다면 아이는 부모가 자신에게 진심으로 부탁한 것이라고 받아들일 것이다.

부탁의 형식을 빌렸지만 그 실체가 강요하는 것이라면 아이는 다음에는 부모의 부탁에 속지 말아야겠다고 다짐을 한다. 부탁을 거절했다고 아이를 비난하고 죄책감을 심어준다면, 아이는 점점 더 부모의 말을 믿지 못하게 된다. 부모가 부탁조로 말하지만 사실은 자신에게 복종을 강요하고 있다고 아이는 생각하게 된다. 부모가 아이에게 부탁조로 말하는 것이 진심임을 알리는 가장 확실한 방법은 부탁에 응하지 않더라도 아이의 대답에 공감해 주는 것이다.

둘째아이가 내가 한 부탁을 거절했음에도 아이의 뜻을 받아들였더니 몇 십 분 뒤에 바로 긍정적인 효과를 보았던 적이 있다. 한여름에 32개월 된 아이가 치렁치렁 긴 주름치마를 입고 자겠다고 우기는 것이었다.

나 … 네가 공주치마를 좋아하는 것은 알겠는데 엄마는 네가 기다란 치마를 입고 자면 잘 때 더워서 땀띠가 날까 봐 걱정이 되네. 네가 시원하게 자기를 원하거든. 공주원피스를 벗고 자는 것이 어때? (진심의 언어로 부탁함)

아이 … 싫어! 싫어! 입고 잘 거야.

나 … (공주치마를 억지로 벗기고 싶었지만 그 마음을 꾹 참고)공주치마를 무척이나 좋아하는 구나. 그래 그럼 입고 자렴.(공감의 언어를 실천함) (둘이 침대에 누워서 잠을 청한 지 몇 십 분 정도 흘러 둘이 막 잠이 들고 있는데 아빠가 침실로 들어옴)

아빠 … 야! 이렇게 긴 치마를 입고 자면 어떡해? 벗고 자!

나 … (남이 자기 옷 벗기는 것을 무척 싫어하는 아이인데도 아빠가 옷을 억지로 벗기는데 순순히 응함)

고집 센 아이가 어찌된 일인지 한차례의 저항도 없이 아빠의 뜻에 따르는 것이었다. 자기주장이 센 둘째아이는 무엇이든 억지로 하는 것에 대한 거부감이 큰데도, 아빠의 뜻을 따랐던 이유는 왜 엄마가 자기한테 원피스를 벗고 자라고 했는지 깨달았기 때문이다. 막상 주름이 깊은 공주원피스를 입고 자보니 땀이 나고 몹시도 더웠던 것이다. 벗고 자고 싶었으나 엄마를 깨워서 벗겨달라고 하려니 자존심이 상했던지 그냥 참고 자려고 했다. 그런데 아빠가 옷을 벗겨줌으로써 궁지에 처한 자신을 도와준 셈이었다. 내가 억지로 원피스를 벗겼다면 자기 뜻대로 원피스를 입고 자 보는 체험을 할 수 없었을 것이다. 경험이 선생님이 되어서 직접 가르쳐 준 것이다.

때로 아이들은 자신이 생각하는 다른 실천방법을 취하고 싶어서 부모의 부탁을 거절하기도 한다.

그런지 안 그런지는 아이의 거절에 부모가 공감해 주었을 때 뒤따르는 아이의 반응을 통해 알 수 있다. 32개월 된 둘째아이가 아이스크림 통을 들고 돌아다닌 일화로 설명해 보겠다.

나 … 얘야! 아이스크림 녹는다. 어서 엄마한테 줄래?(아이스크림 이 녹을까 봐 아이를 쫓아다님)

아이 … 싫어! 싫어! (엄마한테 안 붙잡히려고 도망 다님)

나 … 아이스크림이 녹으면 맛이 없어질텐데 어쩌지?

아이 … (울먹이며)내가! 내가!

나 … ('내가'가 무엇을 의미하는지 잘 몰라서 하는 수 없이 포기하고) 그럼 네가 하고 싶은 대로 하거라.(부엌으로 돌아 감)

아이 … (아이스크림통을 식탁 위에 올려놓고는 나를 보며 빙긋이 웃어줌)

나 … 아하! 아이스크림 통을 스스로 식탁에 올려놓고 싶었던 거구나. 나한테 억지로 뺏기고 싶지 않았던 거로구나. 아이구! 자존심 센 우리 딸!

아이는 내가 제시한 구체적인 행동방법이 마음에 들지 않았다. 자기 나름대로 생각해낸 실천행동으로 엄마의 부탁을 들어주고 싶었던 것이다.

엄마의 부탁을 들어줄지 말지에 대한 결정권은 아이에게 있다. 자녀의 "아니오."라는 의견을 존중하고 잠시 물러서 있으면 아이는 스스로 해결책을 찾아서 행동한다. 엄마의 권유를 머릿속에 유념하면서 말이다. 아이의 선택을 믿고 따라주는 부모의 부탁은 아이의 자존감과 사고력을 키워주면서 자기 인생에 대한 책임감을 갖도록 훈련시켜 준다.

상황에 따라 다섯 가지 언어를 종합적으로 써서 아이에게 부탁을 한다면 다음과 같이 할 수 있다.

상황1 - 엄마에게 밥을 먹여달라는 아이에게 부탁한다.

1. **진심의 언어:** 네가 아기처럼 입만 쩍쩍 벌리면서 엄마한테 먹여달라고 하면 엄마는 너무 속상해!(감정) 네가 무엇이든지 알아서 척척 해내는 아이로 자라주길 원하거든. (바람)

2. **긍정의 언어:** 자기 손으로 먹으면 밥맛도 훨씬 좋단다. 그래야 많이 먹을 수 있고 키도 쑥쑥 클 수 있어. 스스로 먹어야 더 맛있고 스스로 해야 더 재밌는 법이란다.

3. **실천의 언어:** 에버랜드에 가서 자동차를 타려면 키가 110cm가 넘어야 하는데 저번에 못 타서 속상했지?(이유) 자동차를 타려면(목적) 스스로 밥을 먹고 고기와 야채를 골고루 먹어야 키가 쑥쑥 큰단다.(계획)

4. **감성의 언어:** 너도 엄마가 떠먹여 주는 거 싫지? 너는 뭐든지 스스로 하는 것을 좋아하잖아. 요즘 혼자서 할 줄 아는 것들이 부쩍 늘었잖니?

5. **공감의 언어:** 그래도 네가 먹여달라고 하면 어쩔 수 없구나. 네가 지금 엄마의 관심을 받고 싶어서 그러는가 보구나.

상황2- 둘이 싸워서 우는 아이들에게 부탁한다.

1. **진심의 언어:** 동생이 언니를 밀었구나. 그래서 언니가 동생을 때리니까 동생이 울고 있는 거구. 무엇 때문에 언니를 밀었을까? 둘이 싸우고 우는 모습을 보니 엄마는 기분이 좋지 않네.(감정)

2. **긍정의 언어:** 둘이 재미있게 노는 모습을 보면 엄마는 참 행복해진단다. 둘이 사랑하고 아껴주면 얼마나 좋을까?

3. **실천의 언어:** 네가 쌓은 블록을 언니가 넘어뜨려서 언니를 밀었구나. 그럼 다음에 언니가 너랑 안 놀아줄텐데?(이유) 언니가 너랑 놀아주길 원한다면(목적) 미는 대신에 '블록을 넘어뜨려서 내가 너무 속상하잖아. 앞으로 언니! 조심해 주면 좋겠어.' 라고 예쁘게 말하면(계획) 언니가 기분도 안 나빠지고 다음부터는 널 위해 정말 조심할거란다.

4. **감성의 언어:** 언니가 같이 놀아줄 때가 제일 행복하고, 언니가 같이 안 놀아주면 제일 슬프다고 했지?

5. **공감의 언어:** 그래도 계속 울고 있네! 언니가 때려서 많이 속상하구나.

공감대화 • 3단계

마음을 읽어 주라

현명한 부모는 예민한 탐지기로 아이 안에 감춰진 어두운 감정들을 찾아내
'공감'이라는 빛을 비춰준다. 그러면 아이들의 어두운 감정들은
언제 그랬느냐는 듯이 사라진다.

부모만 아이 마음을 알아주거나, 혹은 아이더러 부모의 뜻을 알아달라고 강요하는 일방통행식 대화로는 진정한 소통을 할 수 없다. 상대방의 뜻을 서로 같이 이해해야 공감대가 형성되고 소통하는 상호관계가 성립된다. 아이와 소통하려면 먼저 공감의 의미에 대해 되새겨봐야 한다.

아이들이 원인불명의 증세로 진료실을 찾는 경우들이 있는데, 그 중 가장 흔한 세 가지 증세가 복통, 두통, 빈뇨이다. 이 증상의 원인을 찾기 위해 복부초음파, 뇌 MRI, 소변검사 등 여러 가지 검사를 해본다. 그래도 뚜렷한 원인이 밝혀지지 않는 경우들이 있는데, 심리적인 원인으로 판명 나는 경우가 많다. 정서적인 불안이 다양한 신체 증상으로 나타나는 것이다.

아이 마음에 쌓인 부정적인 감정이 신체 증상으로 나타날 때 부모는 으레 신체적인 질병이 아닌가 하고 걱정한다. 이런 저런 검사를 해

본 후에야 심리적인 문제라는 것을 인정하게 된다. 이런 경우 부모들은 "아이한테 잘해주는데 왜 그럴까요? 정말 이해할 수가 없네요."라고 말한다.

아이의 부정적인 감정에 공감해 주지 않고, 훈계와 설득으로 꾹꾹 눌러버리면 그 감정은 아이의 마음속에 차곡차곡 쌓이게 된다. 마음속의 어두운 감정들이 자신의 존재를 알아달라고 몸부림을 친다. 어두운 감정들은 무시당하면 당할수록 갖가지 불안증세로 감정의 주인인 아이를 괴롭힌다. 현명한 부모는 예민한 탐지기로 아이 안에 감춰진 어두운 감정들을 찾아내 '공감'이라는 빛을 비춰준다. 그러면 그렇게 드러난 어두운 감정들은 언제 그랬느냐는 듯이 사라진다.

나도 가끔 목감기가 아닌데도 원인 모를 목통증이 오래 가는 경우가 있다. 나는 마음의 통 안에 쌓아둔 스트레스가 또 흘러넘쳤다는 것을 경험적으로 알게 된다. 그러면 나는 기독교 찬양을 듣거나 운동을 하고, 솔직한 대화를 통해서 스트레스를 밖으로 발산해 버린다. 이때 내 주변에 있는 누군가가 "병원 일에 너무 지치셨군요." "아이들 키우느라 많이 힘드시죠?"라며 공감하는 말 한마디만 해줘도 마음이 훨씬 더 가벼워진다.

물론 나는 성인이니 다른 사람이 나의 스트레스에 공감해 주지 않아도 스스로 그것을 인식할 수 있는 인지회로가 형성되어 있다. 내 안의 어두운 감정을 알아차리고 그것을 해소하는 방법들을 나름대로 터득하고 있다. 심리적 원인 때문에 생기는 신체적 증상을 해결할 줄 아는 성숙함을 가지고 있는 것이다.

아이의 경우는 다르다. 아이들은 마음이 불안하다는 것, 스트레스가 쌓이는 것, 불안증세로 인해 신체적 증상이 온다는 것을 스스로 이해하지 못한다. 더구나 요즘에는 아이들이 스트레스를 마음껏 풀 수 있는 공간과 시간이 예전에 비해 턱없이 부족하다. 놀이터나 길가에서 신나게 뛰노는 아이들을 찾아보기 힘들고, 위험요소도 여기저기 널려 있다. 학원 다니느라 시간의 제약 또한 많다. 아이들의 심리치료를 대신 감당해 주던 '놀이'로부터 아이들이 점점 멀어지고 있는 것이다. 핵가족화 때문에 가정에서 깔깔거리며 함께 놀 수 있는 형제자매까지 부족해 '놀이'의 본능을 채우지 못한다.

지금의 아이들에게는 부모의 공감이 더더욱 절실하다. 아이들의 어두운 감정을 공감해 주는 자체만으로도 불안심리를 치료해 주는 효과가 있다. 부모의 공감은 정서불안을 겪는 아이들에게 마음이 뻥 뚫리는 것 같은 시원함을 느끼게 해주고, 정서적 안정에 큰 기여를 한다.

공감과 소통의 과정을 4단계로 설명해 본다. 부모와 아이 사이에 문제가 생겨서 해결책을 찾고자 할 때, 어느 한쪽만 마음의 문을 열어서는 안되고, 양쪽 모두 마음의 문을 열어야 한다. 그래야 서로의 마음을 이어주는 공감다리가 생기게 되고 문제해결책을 찾아갈 수 있다. 다음은 공감하고 소통하는 네 가지 단계이다.

1단계 부모의 마음 보여주기

2단계 아이의 마음 읽어 주기

3단계 공감다리 만들기

4단계 문제해결책 찾기

부모와 아이, 또는 아이와 다른 어른들과의 사이에 문제가 생겼을 때 이 네 가지 단계의 과정대로 대화를 풀어나가면 된다. 문제가 1단계에서 바로 해결되기도 하고 2단계나 3단계에서 해결되기도 한다. 그래도 해결이 안 되면 마지막 4단계에서 같이 문제해결책을 찾아보도록 한다.

다음은 네 가지 단계를 거쳐 가면서 문제를 해결했던 이야기이다. 큰딸과 작은딸은 연년생이라서 쌍둥이냐는 질문을 자주 받는다. 자존심이 강한 언니는 동생과 옷이나 신발, 양말을 똑같이 신고 나가는 것을 용납하지 못한다. 그런데 아빠가 무심결에 키티샌들 두 개를 사왔다. 둘이서 신발을 신고 싸움이 벌어졌다. 동생은 키티샌들을 신고 가겠다고 떼를 쓰고, 언니는 "네가 신으면 내가 못 신잖아!" 하면서 소리를 질러대는 것이었다.

1 단계: 부모의 마음 보여주기

나 … 너희 둘이서 이렇게 키티샌들 때문에 싸우니 엄마는 너무 속상 해.(엄마의 감정) 너희 둘이 서로 사이좋게 지내기를 바라기 때문이야.(엄마의 바람) 키티샌들 때문에 둘이 싸우는 것을 보면 아빠도 속상해 하실거야.(아빠의 감정)

2 단계: 아이의 마음 읽어주기

언니 … 둘이 같은 신발을 신으면 쌍둥이 소리 들어서 싫단 말이야. 동생이 나랑 똑 같은 키티샌들 신는 거 싫어!

동생 … 키티샌들 신을거야! 으앙!

나 … 언니는 지금 키티샌들을 신고 싶은데 동생도 같이 신겠다고 우기니 쌍둥이 소리를 들을까 봐 화가 났구나. 동생은 언니가 키티샌들을 못 신게 하니까 우는 거구. 이거 난처하게 됐는 걸. 어떻게 하면 좋을까? 정말 어떡하지?(언니의 마음을 읽어 줌)

3 단계: 공감다리 만들기

동생은 키티샌들을 신겠다고 떼를 쓰고, 언니는 동생이 신으면 안된다고 계속 운다. 나는 아이들이 부정적인 감정을 충분히 경험하고, 진정할 때까지 차례대로 안아주고 토닥거려 준다. 한참 뒤에 조금 진정 기미를 보이는 언니에게 다음과 같이 말한다.

4 단계: 문제해결책 찾기

나 … 그럼 좋은 생각 없을까?(아이에게 문제해결책을 물어봄) 엄마는 너희 둘이 키티샌들을 사이좋게 신고 가는 것을 보고 싶은데. 그럼 너무 기쁠거야.(엄마의 부탁)

언니 …(진정하고 마음을 가다듬은 후에)그럼 오늘은 내가 키티샌들을 신고 내일은 동생이 신고 가는 거예요. 어때요?

나 …그래! 그거 너무 좋은 생각이다! 정말 멋진 걸. 내일은 언니가 양보하겠다는 거구나. 그럼 언니가 동생한테 예쁜 말로 이렇게 부탁해 보자. '언니는 오늘 키티샌들이 너무 신고 싶은데 같이 신고 나가면 쌍둥이 소리를 들을까 봐 걱정이 돼. 그러니 내일은 내가 양보해 줄테니 내일은 네가 신을래?' 라고 말이야.(부탁하는 방법을 가르쳐줌)

언니 …오늘은 언니가 키티샌들이 신고 싶은데 너랑 쌍둥이 소리를 듣는 게 싫어. 내일 네가 신으면 안될까?

동생 …응, 그래.(방긋 웃어 줌)

그 후로 언니가 세운 규칙대로 하루는 동생, 하루는 언니가 신기로 하고(둘 다 좋아라 하며) 키티샌들을 신고 나갔다.

나는 문제해결책을 직접 제시하지 않고 아이들의 감정만 수용해 주었을 뿐인데, 아이들은 서로 타협하는 방법을 생활 속에서 자연스럽게 배워나갈 수 있었다. 그럼 각각의 단계별로 들어가 보자.

1 | 부모의 마음 보여주기

부모가 솔직한 감정과 바람을 내보이면 아이는 부모의 뜻을 쉽게 이해할 수 있어서 공감할 가능성이 높아진다.

아이도 부모가 하는 행동을 따라서 마음을 솔직하게 보여준다. 부모가 아이 앞에서 자신의 감정과 욕구를 숨긴 채로 아이의 마음 읽기에만 골몰하면 성과도 없이 지치기 쉽다. 그렇다고 부모의 마음을 아이에게 너무 솔직하게 드러내다 보면 아이의 감정을 다치게 할 수도 있다.

부모가 자신의 감정을 적절히 표현하는 가정은 아이에게 감정의 배움터가 된다. 아이가 감정표현을 잘하면 정서인식 능력이 올라가서 정서지능이 높아진다. 몇 십 년 전만 해도 자녀 앞에서 부모의 감정표현이 인색했던 것은 사실이다. 그러나 부모가 아이 앞에서는 화나도 화나지 않은 척, 슬퍼도 담담한 척 감정을 숨기려고 애를 쓰는 것은 엄연히 따지면 감정조절이 아니다. 연구결과에 따르면 감정을 숨기는 부모 밑에서 자란 아이는 그렇지 않은 아이보다 감정을 다스리는 능력이 떨어진다고 한다.

"아빠는 네가 거짓말하는 사람이 될까봐 걱정이 돼."

"엄마는 너로부터 존경받고 싶었는데 네가 엄마를 비웃는 것 같아서 순간 화가 났단다."

"지금 엄마는 너무 화가 나서 말하기가 싫어."

이와 같이 부모의 감정을 자연스럽게 표현해야 한다.

부모가 감정을 숨기지 말아야 할 중요한 이유는 또 있다.

감정이 생길 때 적절히 표출하지 않고 꽁꽁 숨겨두면 언젠가는 한꺼번에 터지고 만다. 아이 앞에서는 감정을 숨기더라도 남편이라든가 엉뚱한 사람에게 쏟아내게 되는 것이다. 아이가 만약 엄마의 그런 모습을 보면 상황은 더 좋지 않게 흐른다. 감정표현을 하되 이성적으로 잘 다스리는 모습을 보여줘야 한다.

감정의 원인이 나의 욕구가 원하는 바람에서 비롯된 것을 깨달으면 내 감정의 책임은 나에게 있다는 것을 알 수 있다. 다른 사람의 행위는 감정의 자극이 될 수는 있지만 결코 원인이 될 수 없다. 감정은 나의 욕구가 얼마만큼 충족되었는지 알려주는 척도이다. 나의 바람이 충족되지 않을수록 감정은 부정적으로 흐른다.

부모의 감정이 부정적일수록 아이를 탓하기 쉽다. 아이에게 화를 버럭 내게 된다. 사실은 아이 때문에 화가 난 게 아니라 부모 마음속의 욕구에 기인하여 화가 나는 것이다. 아이는 고의이든 실수이든 부모 마음속의 지뢰를 밟았을 뿐이다. 만약 내가 소리를 지르고 화를 조절하지 못한다면 아이에게 감정을 잘 조절하라고 가르칠 수 없다. 그렇다고 나의 미성숙한 화 조절법을 아이에게 물려줄 수 없는 노릇이다.

부모 입장에서는 아이 앞에서 화를 조절하기란 참으로 어려운 과제이다. 이 과제를 잘 수행하고 있는지 매일 지켜보고 있는 감시자는 바로 아이이다. 아이는 날마다 부모를 시험한다. '이 스위치를 누르면 부모의 반응은 어떨까?' 라는 호기심에서 부모의 다양한 감정스위치들을 눌러보는 것이다. 이것저것 눌러보면서 부모의 한계를 시험한다.

부모가 이 행동을 하면 화를 낼 거라는 것을 알면서도 그 행동을 자꾸 반복하는 아이의 심리는 부모가 감정의 노예인지 감정의 주인인지를 테스트해 보는 것이다.

똑같은 감정스위치를 눌렀는데도 매일같이 감정의 노예로 격한 반응을 보여주던 엄마가 어느 날 갑자기 감정의 주인이 되어 온순한 반응을 보여주면 아이는 흠칫 놀란다. 그러고 아이는 감정스위치에 대한 재미를 잃게 되고 더 이상 엄마의 한계를 테스트하지 않는다. 부모의 화가 치밀어 오를 만한 행동을 하는 것에 대한 흥미를 잃게 되는 것이다.

화는 어떤 경우에도 교육적인 효과가 없다. 화를 내면 아이에게 나쁜 본보기를 보여준다. 아이 앞에서 화나는 상황을 이겨내는 방법으로 두 가지를 권해 본다.

첫째는 아이 앞에서 화를 언어로 표출하면서 삭이는 방법이다.

둘째는 화가 압력솥처럼 폭발했을 때 안방이나 화장실로 피해 버리는 방법이 있다.

첫째 방법에 대해서 살펴보자. 순간적으로 화가 버럭 나는 것을 조절하기는 무척 어렵다. 그 순간은 내가 무너져 내리는 인내심의 한계점이다. 이에 비해 화가 슬슬 나기 시작하는 것을 스스로 인식하면 이를 조절하기가 쉽다.

화가 내 안에서 꿈틀꿈틀 거릴 때가 있다. 이를 민감하게 알아차리고 바로 이때 아이에게 감정알림장치를 쓰면 효과적이다. 다음은 내가 자주 쓰는 감정조절법 중의 하나이다. 둘째아이가 울면서 떼를 쓰면 나는 "엄마는 지금 화가 배꼽까지 올라와 있다!"라고 말하면서 손을 배꼽 위에 올려놓는다. 그래도 아이가 계속 고집을 피우면 이렇게 말한다.

"엄마는 지금 화가 목까지 차 올라와 있다. 화가 머리끝까지 나면 엄마가 어떻게 하는지 알지? 그러니 그 전에 우리 대화로 해결하자." 그러면 아이는 "엄마! 안아줘, 안아줘." 하면서 타협을 원한다. 지레 겁먹고 엄마 품에 안기기도 한다. 화가 움트고 있을 초기에 이처럼 엄마의 감정을 알려주는 경보장치를 쓰면 도움이 많이 된다.

감정알림장치의 활용도는 평소에 자신의 감정변화를 점검하는 부모의 습관에 달려 있다. 특히 부모 스스로 자신의 부정적 감정을 예민하게 파악하고 있어야 한다. 부모의 기본 감정습관이 긍정적이면 부정적 감정이 생길 때 바로 알아차릴 수 있다. 항상 걱정하는 사람들은 불안한 감정에 익숙해 있다. 걱정거리를 찾아서 하기 때문이다. 그래서 안심이 되는 상황이 오면 오히려 거북스러워하기도 한다.

반대로 만사에 태평한 사람들은 걱정거리가 생겨도 흔들리지 않고 편안한 상태를 유지한다. 그러다가 불안한 마음이 갑자기 찾아오면 바로 이상한 기운을 알아차린다. 부정적 감정에 대한 경계의 끈을 놓치게 되면 부정적 감정이 조금씩 온 마음을 다 삼키게 된다. 점점 자신이 부정적인 감정의 늪에 빠져들고 있음을 알아차리지 못한다. 그러면서 부정적으로 드러내는 생리적인 반응을 아이들에게 고스란히 대물림할 수 있다.

막상 화가 터져 나오는 그 순간은 어떻게 하면 좋을까?

이때는 내가 인내심의 한계에 부딪혀서 무너져 내리려고 하는 순간이다. 중요한 해결의 열쇠는 아이에게 화를 벌컥 내기 직전, 자신의 한계점을 빨리 알아차리는 연습이 필요하다.

화가 폭발하고 난 다음 자신의 한계점을 깨달으면 이미 늦다. 마구 화를 내며 감정을 조절하지 못하는 상황에서 아이를 가르칠 수는 없기 때문이다. 화가 폭발하기 바로 직전, 그 순간에 스스로에게 '너, 지금 화가 폭발하기 1초 전이야!' 라는 경종을 울려야 한다. "엄마는 지금 화가 이글이글 타오르고 있지만 참는 중이다!"라고 나의 감정 상태를 아이에게 말로 표현하는 것이다.

화를 내는 것과 화가 난 것을 말로 표현하는 것은 서로 다른 작용을 일으킨다. 감정을 언어화시키는 과정은 말하는 사람의 감정을 완화시켜 주는 효과가 있다. 화를 말로 표현하면서 심호흡을 깊게 하면 감정 조절이 쉬워진다. "엄마 지금 화난 거 보이지? 숨을 깊게 쉬고 있잖아. 엄마가 화를 다스릴 수 있을 때까지 좀 기다려 줘."

화가 나서 눈이 뒤집히려고 하면 나는 눈을 감은 채 숨을 깊게 쉬면서 숫자를 센다. 하나, 둘, 셋 하면서 숨을 고르게 쉬다 보면 머리가 순간 멍해지면서 차츰 화가 진정된다. 화나면 교감신경계가 활성화되면서 숨이 가빠지고, 심장이 콩닥콩닥 뛰고, 근육이 수축되고, 침이 바짝바짝 마른다. 긴장된 생리적 반응을 진정시키는 첫 번째 방법은 가쁜 호흡을 가다듬으면서 호흡수를 천천히 깊게 조절하는 것이다. 숨을 조절할 수 있을 지경에 다다르면 흥분된 교감신경계를 잠재울 수 있다. 천천히 숨을 쉬면 자연스레 맥박수도 느려지고 심리적 안정감을 되찾게 된다.

그래도 화가 삭지 않아 머리에서 김이 뿜어져 나와 아이를 때리고 싶다면 이때는 어떻게 하면 좋을까?

화가 자꾸 치밀어 오르면 나는 북을 두드린다. 북이 없으면 베개를 대신 때리기도 하고, 방바닥이나 침대 매트리스를 때리기도 한다. 화가 가라앉을 때까지 실컷 두드리는 것이다. 이런 모습은 아이에게 보이지 않는 게 좋지만 사정이 급박하다면 아이가 보는 앞이라도 상관없다. 아이에게 언어폭력이나 신체폭력을 가하는 쪽보다는 대체물을 찾아 두드리면서 화를 해소시키는 편이 낫기 때문이다.

화가 풀릴 때까지 대체물을 실컷 두드리고 나면 그렇게 미웠던 아이에게 좀 미안한 생각이 든다. 그러면 이렇게 말해준다. "엄마는 베개한테 화를 다 풀었어. 이제는 네 말을 들어줄 수 있을 것 같다. 그럼 우리 딸이 왜 그렇게 울었는지 같이 얘기해 볼까?"

내 경험상, 감정해소방법으로 대체물을 두드리는 것은 아이들끼리 서로 싸울 때 직접 시켜 봐도 효과가 있다. "동생이 말도 안되는 고집을 피워서 너무 밉지? 나라도 그럴 거야. 그렇다고 동생을 꼬집고 때리는 것은 안 돼. 차라리 이 북채로 북을 실컷 두들겨 봐. 화가 풀릴 때까지 말이야."

그러면 큰딸은 "야! 너 어쩌면 그럴 수 있어! 내가 그러지 말라고 그랬지?" 하면서 신나게 북을 때린다. 그런데 바로 옆에 있던 동생은 아무렇지도 않다는 듯이 평화롭게 책을 읽고 있는 것이 아닌가. 언니가 북을 때리며 감정해소하는 것은 자기한테는 전혀 상관없다는 모습이다. 북 두드리기는 정말 효과가 있었다.

화를 조절하는 둘째 방법으로 화장실이나 안방으로 피해 버리기가 있다. 아이로 인하여 화가 머리끝까지 치밀어 오르면 화장실로 가서 심호흡을 깊게 하든지, 복식호흡으로 숨을 가다듬고, 큰 소리를 지르거나 하나, 둘, 셋, 넷 하면서 숫자를 센다. 그렇게 하다 보면 화를 가라앉힐 수 있다. 혹은 안방 침대에 드러누워 눈을 감고 화가 가라앉을 때까지 기다리는 것도 효과가 있다.

한번은 우리 딸들이 엄마가 집안일을 하느라 놀아주지 않는다고 책장에 있는 책들을 모조리 꺼내어 거실에 늘어놓은 적이 있었다. 안 그래도 산더미 같은 집안일로 바쁜데 어질러진 거실을 보니 화가 머리끝까지 났다. 아이들에게 소리를 꽥 질렀다. 그러고 나서는 '아참! 내가 이러면 안되지.' 라고 후회하면서 안방으로 얼른 피했다.

아이들을 피해 있는 동안 왜 내가 화가 났으며, 아이들에게 내 마음을 어떻게 표현하면 좋을지 곰곰이 생각해 보았다. 화라는 감정 속에 푹 파묻혀 본다. 그러면 감정의 뇌인 변연계의 격한 감정 활동에서 전두엽의 차분한 이성적인 활동으로 옮겨가게 된다. 화가 진정되는 것이 느껴지면 아이들에게 다가가 이렇게 말한다.

"엄마는 아수라장이 된 거실을 보고 너무너무 화가 났어. 그래서 안방에 가서 누웠다가 화를 좀 삭이고 왔단다. 엄마는 너희들이 자기 뜻을 받아주지 않는다고 이런 식으로 화를 푸는 방법은 정말 용납할 수 없구나. 너희들이 왜 이렇게 했는지 그 이유를 들어보고 어떤 벌을 내릴지 생각해 보겠다. 무엇 때문에 책을 책장에서 꺼내 놓은 거지? 이유를 말해 보렴."

만약 집 바깥에서 아이에게 화가 버럭 나는 상황이 벌어지면 아이와 함께 어서 그 자리를 피하는 수밖에 없다. 집으로 돌아올 때까지 아이와 아무 대화도 안 한다. 화가 난 상태에서는 아이에게 언어폭력을 가할 수 있기 때문이다. 집으로 돌아오는 길에 왜 내가 화가 많이 났는지, 어떻게 아이에게 설명할까를 생각하다 보면 아이의 눈에 엄마의 감정 조절하는 모습을 보여줄 수 있다. 집에 도착할 때면 아이도 침착해져서 자신이 떼를 부린 이유를 차근차근 이야기해 줄 것이다.

부모가 아이에게 부정적 감정을 표출하는 부정적인 몸의 반응은 다음의 세 가지로 정리할 수 있다.

첫째, 언어폭력으로 표현(예: 소리 지르기, 비난하기, 욕하기)

둘째, 신체폭력으로 표현(예: 때리기, 물건 던지기)

셋째, 부정적 표정으로 표현(예: 쏘아보기, 입을 삐죽 내밀기, 짜증내기)

돌이켜 보면 나의 부모도 나와 똑 같은 부정적인 반응을 했던 것 같다. 부모에게 배운 부정적인 반응을 나도 모르는 사이에 아이에게 똑같이 하고 있는 것이다. 그러니 이 악순환의 대물림 고리를 끊어야 한다.

부모의 감정세계는 어렸을 때 양육자와의 관계부터 따져봐야 한다. 아이는 어릴 때 양육자와의 경험을 통하여 감정적 반응을 배우게 되고 자라면서 그 반응들이 구체적으로 발달한다. 아이를 대할 때 화가 벌컥벌컥 나거나 충동적으로 때리고 싶고, 아이가 자신에게 대드는 것 같아서 괘씸한 생각이 자주 든다면, 이때는 자기 과거의 해결되지 않은 나쁜 감정적 경험이 심리적으로 활성화되는 것이다. 나도 모르는 사이에 부모에게 느끼고 있던 속상함, 혐오감, 억울함, 그리고 분노를 자기 아이에게 쏟아내는 것이다. 아이 때문에 생겼다고 확신하는 분노가 사실은 내 부모와의 사이에서 생긴 감정적 문제에서 비롯된 것인데도 마치 그것이 내 아이 때문에 생긴 것처럼 모든 책임을 자녀에게 돌리는 실수를 저지르게 된다.

툭하면 아이를 때리고 소리를 지르는 부모가 있다고 가정하자. 자신의 행동을 고치고 싶어도 고쳐지지 않을 것이다. 늘 아이에게 미안하면서도 때리는 행동을 반복한다면, 그것은 머리로는 기억하지 못하지만 감정에 대한 몸의 생리적 반응을 기억하는 시스템이 내 안에서 무의식적으로 작동하고 있는 것이다. 이것은 감정기억인데 뇌의 어딘가에 저장되어 있지만 의식적으로 끄집어낼 수 없는 기억이다. 학자들은 이를 몸의 기억 또는 감정기억(감정적 경험을 통해 생긴 감정적 반응)이라고 말한다. 나의 감정적 반응이 암시기억에서 나온 것이라면, 그것은 어릴 때 나와 부모 사이에서 셀 수도 없이 무수하게 일어났던 경험이라는 뜻이다.

따라서 수없이 반복된 경험으로 몸의 기억 속에 배어 버린 양육패턴을 단시간에 고치기란 불가능하다. 나의 부모로부터 물려받은 몸의 기억을 고치려면 의식적으로 끊임없이 노력해야 한다.

자신의 어릴 적 과거로 되돌아가 당시의 부정적인 감정들 속으로 빠져 들어가 본다. 억울함, 분노, 속상함, 짜증남 등 부모에 대한 부정적인 감정에 깊이 파묻혀 보면 신기하게도 그 감정들이 해소될 것이다. 그런 다음 자기 가정에 만들고 싶은 이상적인 양육패턴을 그려본다. 내가 그리는 모범적인 부모의 이미지 속으로 빠져 들어가 매일 그 모습을 상상하는 것이다. 이러한 이미지 트레이닝은 남아 있는 암시기억이라는 과거의 끈을 끊고, 희망을 실현시키는 데 실제로 도움이 된다. 미래에 대한 상상이 과거의 족쇄를 끊어주는 것이다. 자신이 꿈꾸는 부모의 모습을 매일같이 상상해 보는 이미지 트레이닝 방법에 대해서는 '상상하라'에서 상세히 다루기로 한다.

2 | 아이의 마음 읽어 주기

아이와의 갈등은 대부분 두 번째 단계에서 해결된다.

아이의 감정에 함께 동참하기만 해도 문제가 바로 해결되는 경우가 많다. 이것은 아이의 감정을 들어주는 일 자체가 많은 에너지가 필요하다는 뜻이기도 하다. 특히 내 안에 불쾌한 감정이 쌓여 있으면 아이의 감정을 감당해 주기가 무척 힘들다. 불쾌한 감정이 깊이 쌓이면 상당한 체력이 소모된다. 마음에 분노가 가득차면 식욕도 잃고 잠도 제대로 못 자기 때문에 몸도 마음도 지치고 일도 제대로 되질 않는다.

아이의 감정을 들어주는 것 역시 부모의 관심을 아이에게 쏟아 부어야 가능한 일이다. 내 경우는 1단계보다는 2단계를 행동에 옮기기가 무척 어려웠다. 우는 아이 곁에서 그 감정을 공감하며 감정이 해소되는 과정을 함께 하는 것은 정말 힘든 일이다. 더군다나 아이의 행동 속에 숨은 감정과 욕구를 읽어내는 노련미는 오랜 육아 경험을 통해서 겨우 습득되는 능력이기 때문이다.

아이가 화내고, 소리 지르고, 벌렁 드러누우면서 악을 쓰는 과정 자체가 아이 자신의 엄청난 에너지를 빼앗아간다. 부정적 감정이 스치고 지나갈 때쯤 아이도 기진맥진해한다. 바로 이 순간에 부모로부터 사랑의 에너지를 충전 받아야 아이는 지친 얼굴에서 다시 활짝 웃을 수 있다. 아이가 자신의 감정을 충분히 느끼고 표현할 수 있도록 도와주는 부모의 공감 자체가 사랑의 에너지인 셈이다.

아이들의 불편한 감정들이 마음속에 쌓이지 않도록 해야 하는 중요한 이유가 두 가지 더 있다.

첫째는 차곡차곡 쌓인 불편한 감정들은 변형되어 신체적 증세로 나타난다. 가슴에 쌓인 불쾌한 감정들은 아이들의 주의를 끌어서 해소해 달라고 아우성친다. 그래도 아이가 알아차리지 못하고 그 감정들을 다뤄주지 않으면 신체적인 증상들을 일으켜서 아이를 괴롭힌다. 그 예가 원인 없이 계속 재발되는 소아의 두통과 복통이다.

둘째, 아이는 불편한 감정들을 다루느라 여러모로 많은 에너지를 빼앗긴다. 그러다보니 학습에 집중할 에너지가 모자라게 된다. 마음속에 응어리가 쌓인 아이들은 학습시간에 불안해하고 산만해진다. 해소되지 못하고 내재된 불편한 감정들은 아이들의 기억력까지 떨어지게 만든다. 기억을 하려면 주의력이 요구되기 때문이다. 내 경우도 마음에 불편한 감정이 쌓여서 해소되지 못하면 일과 공부에 대한 집중력과 주의력이 매우 떨어지는 것을 경험한다.

수업에 집중을 잘하고 시험성적이 잘 나오는 아이가 되기를 바란다면 공부를 열심히 하라고 하는 잔소리는 전혀 효과가 없다. 해답은 아이 안에 쌓이는 불편한 감정들을 적극적으로 해소시키려는 부모의 공감이다. 아이가 불쾌한 감정을 드러낼 때에는 어떤 욕구가 충족되지 못해서인지 깨닫도록 도와주고 그 욕구를 충족시킬 수 있는 해결법이 무엇인지를 같이 의논해 본다.

아이에게 공감하려는 부모의 노력은 아이의 집중력과 기억력을 높이는데 확실히 기여한다. 우리 딸들을 봐도 그렇다. 큰딸이 여섯 살 때 여름성경학교에서 물고기 잡기 게임을 했는데 일곱 살 언니, 오빠들을 물리치고 물고기를 제일 많이 잡았다. 집중력이 요구되는 게임이라 한 마리도 못 잡은 아이들도 있었는데 큰딸은 무려 15마리나 잡아서 선생님들을 깜짝 놀라게 한 것이다. 작은딸도 주일학교에서 전도사님 설교를 한눈팔지 않고 잘 듣고 있다가 전도사님이 물어보면 대답을 잘해서 자주 칭찬을 받았다.

다음은 우리 집의 두 딸 아이가 만 두 살, 만 네 살 때 서로 한바탕 싸우고는 우유와 빵을 같이 먹으면서 벌어진 상황이다.

언니 … (울먹이며)엄마! 동생이 제 우유에 휴지를 넣었어요.

엄마 … 어머! 언니 우유에 휴지를 넣으면 어떡해. 그럼 언니가 우유를 못 먹잖아. 휴지 넣은 우유, 네가 먹어.

동생 … 으앙!(호통 치는 엄마의 모습에 울음을 터트림)

엄마 … 너도 먹기 싫지? 그런데 언니 우유에 휴지를 넣었니. 먹는 것 가지고 그러면 엄마가 화내는 거 알잖아.

동생 … 엉엉! (계속 울기만 함)

엄마 … (마음읽기를 못 했음을 깨닫고)어떻게 하다 휴지를 언니 우유에 넣었니?

동생 … (대답 없이 울기만 함)

엄마 … 아하! 아까 언니와 싸워서 언니가 미우니까 언니 우유에 휴지를 넣은 거야?

동생 … (울음을 그치면서 고개를 끄덕임)

엄마 … 언니가 너무 미웠구나. 얼마나 미웠으면 언니가 우유를 못 먹게 휴지를 넣었을까. 엄마가 그 맘을 몰라주니 속상해서 울기만 했구나. 혼내기만 해서 미안해!(마음을 읽어줌)

동생 … (표정이 좀 밝아짐)

엄마 … 그럼 언니한테 예쁜 말로 미안하다고 말할래?

동생 … (순순히)언니, 미안해.

부모의 공감이 가장 필요한 때는 아이의 불쾌한 감정이 드러날 때이다. 아이의 울음을 멈추게 하는 효과적인 방법은 부모의 훈계나 설득이 아니라 바로 공감이다. 아이의 감정을 읽어주고, 원하는 것이 무엇인지 이해하려고 애쓰는 부모의 태도만으로도 아이는 울음을 그친다.

다음은 목욕탕에서 물놀이하는 딸 아이(만4세)와 나눈 이야기이다.

아이 … 엄마! 벌레가 물속에 있어! 무서워. (벌컥 우는 소리를 냄)

나 … 벌레가 뭐가 무서워. 엄마가 잡아줄게. (벌레를 잡으려고 하는데 물속이라서 그런지 벌레가 자꾸 빠져나감) 벌레는 아무것도 아닌데 왜 그리 우는 거야?

아이 … 으앙! 무서워, 무서워. 얼른 잡아줘. 싫어, 싫어.

나 … (순간 감정 읽기를 깜박했음을 깨닫고)벌레가 무섭구나. 그렇게 무서워?

아이 … (울음을 뚝 그치며)응, 벌레 무서워.

부모는 아이가 벌레를 보고 울면 으레 '벌레가 뭐가 무서우니, 그게 뭐가 아프니, 그것 가지고 바보같이 왜 우느냐, 그건 아무것도 아니야.'라는 식으로 대응하기 쉽다. 아이의 감정을 별 것 아닌 것으로 치부해 버리는 것은 '감정축소' 행위이다. 아이가 울면 얼른 사탕을 갖다 주면서 '울지 말고 어서 사탕 먹어.'라고 말하면서 아이의 관심을 다른 곳으로 돌리는 방법은 '감정전환'이다. 하지만 아이는 그런 소리를 듣고 싶어서 우는 것이 아니다. 부모에게 자신의 마음을 알아달라는 신호로 벅벅 울어대는 것이다.

큰딸(만4세), 작은딸(만2세)이 산에서 맨발로 뛰놀다가 있었던 일이다.

나 … 얘들아 이제 그만 집에 가자. 선생님께서 집으로 오실 시간 다 되었다. 더러워진 발은 저기 약수터에서 씻고 가자.(약수터가 수도꼭지 형태로 되어 있음)

아이 … 싫어! 약수터에서 발 씻기 싫단 말이야.

나 … 발을 씻어야 신발을 신을 수 있지. 그럼 더러운 발로 신발 신고 싶어? (약속시간이 촉박하여 두 아이를 약수터로 데려가 억지로 발을 씻기자 큰딸은 울음을 터트림)

아이 … (울기만 함)

나 … (큰딸을 벤치에 앉히며)어서 울음 그치고 그만 산에서 내려가자. 선생님 기다려.

아이 … 싫어! 싫어! 가기 싫단 말이야.(나는 주위에서 사람들이 쳐다보는 바람에 창피하여 아이를 달래도 보고 훈계도 해보고 설득도 해보면서 어서 집으로 가려고 했으나 아이는 협조를 안 함)

동네 할머니 … (근처에서 우리를 지켜보시다가 벤치로 다가오심) 동생은 안 우는데 언니가 되어서 울면 되겠어?

맘이 … (자존심이 상했는지 더 세차게 울음)

동네 할머니 … (한참 후에)오호라. 이제야 알겠다! 약수물은 먹는 물인데 그 물로 엄마가 네 발을 억지로 씻겼으니 그래서 네가 화가 난 거로구나.

맘이 … (고개를 끄덕이면서 울음소리가 점점 작아짐)

큰딸은 동생과 비교당해 자존심이 상하는 바람에 더 크게 울었는데, 자신의 마음을 알아주는 할머니의 한마디에 위로를 받았다. 바로 이것이다. 아이는 울지 말라는 설득이 필요해서 울어대는 것이 아니다. 목이 아프도록 힘차게 울어대는 자신의 마음을 알아달라고 우는 것인데 왜 부모는 이걸 깨닫지 못하는 걸까. 아이가 울면 반사적으로 나오는 부모의 즉석 반응은 충고와 설득, 훈계이다. 아이가 울면 부모도 당황

해서 울지 말라는 설득만 하려고 들지 아이의 속상한 마음 상태에 같이 머물러 있어 주려는 마음의 여유를 미처 갖지 못한다.

아이의 마음 읽어주기를 잘하려면 먼저 아이의 말을 경청해야 한다.

아이의 마음을 읽으려면 부모의 생각은 뒤로 미루고, 우선 아이의 말에 귀를 기울여야 한다. 아이의 편에 서서 듣는 것이 중요한데, 무작정 듣는 것이 아니라 듣는데도 방법이 있다. 듣고 있다는 사실을 아이에게 알려주는 방법으로는 비언어적인 사인과 언어적인 사인이 있다. 신경언어프로그램(NLP) 창시자인 리처드 밴들러는 "커뮤니케이션은 90%가 비언어적 정보이고, 나머지 10%만이 의미를 지닌 언어다."라고 했다. 아이의 말을 들어주는 방법으로 비언어적인 사인이 언어적인 사인보다 더 중요하다는 뜻이다.

비언어적인 사인에 대해 살펴보자. 부모가 몸을 낮추고 아이의 눈에 시선을 맞춘다. 아무 말 없이 눈을 맞추고 고개만 끄덕여도 아이의 마음에 공감하는 자세가 된다. 아이가 말하면서 분노, 슬픔, 기쁨, 만족 등의 다양한 표정을 만들어갈 텐데, 부모도 그 표정을 거울처럼 똑같이 따라 해주면 아이의 마음을 이해한다는 비언어적인 사인으로 충분하다. 말이 필요 없는 것이다. 표정 자체만으로 서로의 감정이 교차되는 커뮤니케이션이다. 말하고 있는 아이의 동작까지 따라 맞추어주면 더할 나위 없이 완벽한 비언어적 사인이 된다.

예를 들어서 아이가 화났다고 손을 허리에 대고 말한다면 이 자세를 부모도 똑같이 따라 하면 효과가 있다. 아이가 팔짱을 끼거나 손가락

질을 하면서 말을 하면 부모도 같이 아이 흉내를 낸다. 아이가 방방 뛰면서 말하면 부모도 같이 방방 뛴다. 그러면 아이가 얼마나 신나게 자신의 속마음을 확연히 드러내 주겠는가. 내가 해봐도 정말 그렇다.

이처럼 비언어적 사인은 마음을 비춰주는 거울의 역할을 한다. 아이의 말을 들어줄 때 부모는 아이의 표정과 몸짓을 거울처럼 그대로 따라 해 주는 것이 유용한 방법이 될 것이다.

언어적 사인은 다음과 같다. 부모가 아이의 말을 잘 듣고 있음을 아이의 말 중간 중간에 확인해 줄 필요가 있다. 상황에 맞게 적절한 추임새를 말 중간에 삽입해 주면 된다. "어머! 정말?""아이고! 그럴 수가!""음, 그렇구나!""정말 대단할 걸""그래서 그 다음엔?"이런 단순한 반응이 큰 도움이 된다. 아이가 한 말 가운데 키워드가 되는 단어나 어미 등을 아래 예시처럼 단순히 반복해 주는 것도 좋다.

상황 1

아이 … 오늘 유치원에서 정말 피곤했어요. 체육시간에 얼마나 많이뛰었는지.

엄마 … 많이 피곤했구나.

상황 2

아이 … 동생이 내 머리를 때렸어요. 엄마 혼내주세요.

엄마 … 저런, 동생이 때렸구나.

나는 아이가 집 밖에서 일어난 일을 이야기하면 다음의 세 가지 점을 염두에 두면서 아이의 말을 경청하려고 노력한다.

첫째, 그 일에서 아이가 어떤 감정을 느끼는가.
둘째, 이야기를 하는 아이의 내면에 어떤 욕구가 자리 잡고 있는가.
셋째, 이야기를 통해 엄마로부터 원하는 게 무엇인가.

세 가지 경청 포인트를 찾아내는데는 사고와 추리가 필요하다. 이런 경청을 하는 것은 나의 경험에 비추어볼 때 실천하기가 꽤나 어려운 일이다. 아이의 감정과 욕구를 연결해서 표현해 주면 아이의 심리적 갈등이 해소되는데 도움이 된다.

"친구들로부터 인정받고 싶었는데 속상했구나."

"짝꿍을 네가 좋아하는데 그걸 몰라주니 맘이 아픈 거구나."

"선생님으로부터 인정받고 싶었는데 칭찬을 안 해주셔서 속상한 거로구나."

이런 식으로 내재된 욕구를 감정과 연결시켜서 부모가 끄집어내주면 아이는 감정이 진정될 뿐 아니라 마음의 상처까지 치유 받게 된다.

다음은 내가 큰딸과 나눈 대화 사례이다. 딸아이가 놀이터에 자전거를 타러 나갔다가 벌어진 이야기를 내게 들려주는 상황이다. 내가 딸의 마음을 읽어가는 과정이다.

말희 … 내가 자전거를 타고 있는데 진우 오빠가 뒤에서 자꾸 자전거를 잡고 못 가게 막았어요.

나 … 그래서 네 기분이 어땠던 거야? (아이의 감정읽기)

말희 … 속상했어요.

나 … 너는 진우 오빠한테 자전거 타는 모습을 보여주고 싶었는데 진우 오빠는 그것도 모르고 자전거 타는 것을 방해했던 거구나. (아이의 욕구읽기)

말희 … 네! 자전거 잘 타는 것을 보여주고 싶었거든요.

나 … 그러게. 우리 딸, 요즘 자전거를 정말 잘 타는데 말이야. 그런데 오빠는 너랑 놀이터에서 놀고 싶어서 자전거 타기를 그만 하라고 그런 것은 아닐까? (오빠의 욕구읽기)

말희 … 나랑 놀고 싶다고 말하면 내가 자전거를 그만 탈 텐데. 치! 오빠가 그런 말도 못하다니.

나 … 맞아! 너랑 놀고 싶다고 솔직하게 부탁하면 되는데 말이야. 오빠가 자전거 타는 것을 방해해서 많이 속상했구나. (아이의 감정에 공감해 줌)

3 | 공감다리 만들기

큰딸이 네 살 때 목욕하면서 생긴 일이다.

아이의 얼굴에 묻은 비눗물을 물로 씻겨 주는데 갑자기 "눈에 비눗물이 들어갔잖아!"라고 하면서 팔꿈치로 내 가슴을 팍 치는 것이다. 나는 순간 아프고 놀래서 화를 벌컥 냈다. "야! 엄마, 아프잖아. 그렇다고 때리면 어떡해. 엄마 놀랬잖아!" 그랬더니 아이는 날 쏘아보았다. 나도 할 말이 없어서 같이 눈싸움을 했다. 둘 사이에 한참동안 침묵만 흘렀다. 서로 노려보기만 했다.

그러면서 나는 화가 조금 누그러졌고, 쏘아보는 아이가 하도 귀여워서 눈싸움을 그치고 싶었다. 하지만 아이가 계속 째려보기에 나도 그만둘 수가 없었다. 그러다가 아이가 눈웃음을 살짝 쳤고 나도 따라서 따뜻한 눈빛을 보내주었다. 마침내 우리는 한바탕 깔깔대며 웃고야 말았다. 우리는 침묵만으로도 화난 마음을 함께 가라앉힐 수 있었고 서로의 마음을 연결해 주는 통로가 생겼다. 나는 딸에게 이렇게 말했다.

"엄마는 네가 갑자기 때려서 놀랬어. 그래서 순간 화가 났었나 봐. 화를 낸 거는 미안해. 하지만 너도 다음부터는 화가 나면 말로 해. 때리지 말고. 엄마도 다음부터는 네 얼굴에 비눗물이 들어가지 않게 조심해서 씻겨 줄 게, 알았지?"

내 말에 아이도 웃으면서 고개를 끄덕였고 우리는 다시 꼬옥 껴안았다. 말없이 서로의 마음이 통할 때까지 기다려 주는 침묵이 필요하기도 하다. 때로는 부모가 눈물을 삼키며 기다리는 인내심이 요구된다.

그러나 자식을 믿고 사랑하는 마음만 있다면 기다리는 시간이 그렇게 힘들지는 않을 것이다. 기다리는 시간이 아주 짧을 수도 있지만, 쉽게 만들어진 마음의 다리는 금방 무너지기 쉽다. 탄탄한 다리가 되려면 서로 공감대화를 시작하고 열심히 노력해도 적어도 두세 달은 걸린다고 나는 생각한다.

뇌과학자들의 연구에 따르면 새로운 것이 습관화 되려면 평균 21일이 걸리고, 습관이 완전히 몸에 배서 의식하지 않아도 행동에 옮겨지는 데까지는 63~100일이 걸린다고 한다. 부모가 아이와 공감대화를 두세 달 넘게 노력하다 보면 아이의 습관은 조금씩 변화될 수 있다. 어떠한 상황에서도 아이의 손을 놓으면 안 된다. 아이와 소통할 수 있을 때까지 몇 번이고 재도전을 해야 한다.

4 | 문제해결책 찾기

큰딸이 다섯 살 때, 어느 날 아침 갑자기 호박죽이 먹고 싶다고 우기기 시작했다. 나는 빨리 출근해야 하는데 충분한 대화를 할 시간도 없고 참으로 난감했다.

나 … 집에 호박죽을 끓일 호박이 없어. 그러니 그냥 밥 먹자.

딸이 … 그럼 마트에서 호박 사오면 되잖아요. 밥 먹기 싫어요.

나 … 마트는 이른 아침이라서 문을 안 열었어.

딸이 … 호박죽 먹고 싶단 말이에요.(눈물을 글썽임)

나 … 네가 호박죽이 많이 먹고 싶은 거로구나.(욕구를 읽어줌) 이를 어쩐담.(우는 아이를 토닥여주고 호박죽이 먹고 싶구나만 되풀이하면서 진정될 때까지 기다림)

나 … 무슨 좋은 방법이 없을까? 엄마는 어떻게 할지 잘 모르겠다.

딸이 … 엄마! 그럼 밥 먹을 테니까 텔레비전 보면서 먹으면 안될까요?(아이의 문제해결책)

나 … 그래! 그거 참 좋은 생각이다.

아이는 밥 먹을 때는 텔레비전을 보면 안된다는 것을 알면서도 내게 협상을 걸어 온 것이다. 엄마의 부탁을 들어주는 대신 자기는 텔레비전을 보면서 밥을 먹겠다는 타협안을 내놓았다. 나는 선뜻 응하기로 결정했다. 아이는 자신이 문제해결책을 냈다는 사실에 무척 뿌듯해 했다. "우와! 신난다."하면서 텔레비전을 보면서 맛있게 아침밥을 먹었다.

서로의 마음을 잇는 공감다리가 형성되면, 마지막 단계에서는 세 가지 방법을 사용해 아이와 소통한다.

첫째, 부모의 요구사항을 아이에게 친절하게 표현한다.

둘째, 아이의 요구사항을 부모에게 스스럼없이 말하도록 한다.

셋째, 서로의 요구사항을 만족시키는 해결책을 찾아본다.

두 사람의 요구를 어느 정도 만족시켜 주는 최선의 해결책을 아이 스스로 찾아내도록 부모가 곁에서 도와주도록 한다. 이것이 바로 네 번째 단계의 핵심이다.

대화를 통해서 공통의 욕구를 충족시키려면 서로 양보해야 할 점들이 있다. 사실 아이보다는 부모가 참아야 할 부분이 훨씬 더 많다. 그래서 공감형 대화법을 실천하는 초기에는 부모가 얻는 이득이 없을 수도 있다. 아이가 내는 해결책이 부모가 원하는 것과는 전혀 상관없는 이기적인 내용인 경우가 많기 때문이다. 그래도 아이의 의견을 존중해 주고, 아이가 선택한 결정에 스스로 책임질 수 있도록 이끌어 준다. 아이의 결정권을 존중해 주기를 두세 달 계속하다 보면 아이는 차츰 성숙하고 노련한 협상가의 면모를 갖추어 간다.

아이의 해결책을 흔쾌히 받아준다는 것은 '엄마는 너의 능력을 믿는다.'라는 신뢰감을 보여주는 것과 같다. 그러면 아이는 자신의 능력에 대해 조금씩 확신을 갖게 되고, 내면의 힘이 길러지면서 스스로의 능력과 한계에 대해 분명히 바라볼 수 있는 안목을 갖게 된다. 실패와 도전을 두려워하지 않고 끊임없이 노력하는 자세를 갖게 되는 것임은 물론이고, 자기가 선택한 일을 책임지는 과정을 통해 자존감과 자신감도 길러지게 되는 것이다.

공감형 대화법과 길잡이형 대화법

공감형 대화법(속마음 드러내기, 부탁하기, 마음 읽어주기)은 아이와 같은 눈높이에서 아이를 인격체로 존중해 주면서 나누는 대화법이다. 반면에 길잡이형 대화법(질문하기, 칭찬하기, 안된다고 말하기)은 권위를 가진 부모가 아이를 바른 길로 인도하는 대화법이다. 공감형 대화법이 부모의 권위를 세워주는 기초 골격이라면, 길잡이형 대화법은 부모의 권위를 실천에 옮기는 구체적인 방법론이라고 할 수 있다.

공감형 대화법이 실천하기 어렵고, 끊임없이 배우며 노력해야 하는 것이라면, 길잡이형 대화법은 부모가 크게 힘들이지 않고 실천할 수 있다. 부모라면 누구나 할 수 있는 대화법이다. 길잡이형 대화법을 부모가 좀 더 지혜롭게 활용한다면 아이에게 놀라운 변화의 힘을 불어넣어줄 수 있다. 아이를 꾸중하기보다는 격려와 인정과 칭찬으로, 설득하기보다는 스스로 깨닫게 하는 질문형으로, 거부감과 반감을 일으키는 규제보다는 아이가 진심으로 공감할 수 있도록 인도해 주는 것이다.

공감대화 • 4단계

질문하라

부모가 아이의 의견을 물어보면 아이는 스스로 해답을 찾았다는 뿌듯함에
자신감과 책임감이 쑥쑥 자란다. 아이를 설득하기 전에
한 템포 늦추어서 먼저 아이에게 질문을 해보자.

아이가 말하는 내용이나 말의 속도, 어감, 어조 등에 부모가 맞추어 대화를 풀어나가는 것이 좋다. 상대의 페이스에 맞춰 대화하는 것을 페이싱(pacing)이라고 한다. 아이가 말하는 의도가 무엇인지 물어보고, 아이의 첫마디를 기준으로 엄마가 아이에게 페이싱을 맞춰서 대화를 펼쳐나가면 아이의 마음을 보다 쉽게 열 수 있다. 아이와 페이싱을 잘하려면 우선 질문을 잘 던져야 한다. 질문자가 대화의 주도권을 잡고 대화의 방향을 끌고 나가기 때문이다.

아이의 생각을 물어보며 책을 읽어나가는 것도 좋은 방법이 된다.

큰아이에게 〈방귀시합〉이라는 그림책을 읽어주면서 이런 대화를 나눈 적이 있다. 아저씨와 아줌마가 누구 방귀가 더 센지 알아보기 위해 방귀로 절구통을 들어 올리는 시합을 했다. 아줌마 방귀는 '빵빵빵' 하면서 절구를 들어 올렸고, 아저씨 방귀는 절구통을 '휘웍 빙글빙글' 돌게 만들었다. 누구 방귀가 더 센지 설명은 없이 둘의 방귀 힘으로 절구가 '쑤욱' 올라가서 달에 박혔다는 내용으로 끝을 맺는다. 누구 방귀가 더 센지 책에는 결론이 없다.

나 … 네 생각에는 누구 방귀가 더 센 거 같아?

양희 … 아줌마요.

나 … 무엇 때문에?

양희 … 왜냐면 아줌마 방귀는 '빵빵빵' 큰 소리를 냈는데 아저씨 방귀는 소리도 없이 절구만 '휘윅' 돌렸거든요. 그래서 아줌마 방귀가 더 센 거예요.

나 … 어머! 그러네, 엄마도 그건 몰랐네. 하하하.

부모의 질문은 아이의 상상에 날개를 달아준다.

부모가 아이에게 유용한 질문을 하려면 아이의 생각에 호기심을 가져야 한다. 보통 부모들은 아이의 내면 세계에 대해서 별로 궁금해 하지 않는다. 아이가 갑자기 성적이 떨어지거나 식욕이 감퇴하는 등의 문제가 생기면 그때야 비로소 아이에게 무슨 심경의 변화가 있는지 궁금해 한다. 평상시 질문으로 알아낼 수 있는 아이의 문제를 소아신경정신과에 데리고 가서 심리검사를 통해 알아내려고 한다. 아이의 심리적인 문제는 일상적인 질문을 통해 쉽게 알 수 있는 것인데, 시기를 놓쳐서 문제를 키우는 것이다.

딸아이(만4세)에게 동화책을 읽어주는데 다음에 나와 있는 장면에서 내가 답변하기 참 곤란한 질문을 했다.

"엄마! 왜 얘의 이름은 톰이고, 얘의 이름은 코프인 거예요?"

이름이 톰이고 코프인 이유를 말하라는데, 나는 답변할 엄두조차 나지 않았다. 그냥 잠시 동안 주저하고 있다가 이렇게 되물어보았다.

"나는 잘 모르겠는데 그럼 네 생각에는 왜 그런 것 같아?"

그러자 질문을 기다렸다는 듯이 아이는 선뜻 이렇게 대답했다.

"톰은 뚱뚱해서 톰이구요, 코프는 날씬해서 코프인 거예요."

질문도 당황스러웠지만 아이의 답변도 예상 밖이었다. 아이는 만4세 수준에서 답변을 미리 생각하고 있었고, 내 생각도 그러한지 한 번 떠본 것이다. 만약 내가 어른스런 답변을 하거나 무안을 주었더라면 아이는 생각의 날개를 접었을 수 있다. 다행히 나는 아이의 생각이 어떤지 물어보았고, 답변을 통해서 아이의 사고세계를 들여다 볼 수 있었다.

아이가 내게 이런 질문을 던진 적도 있다.

아이 … 엄마! 왜 어른들은 안 넘어지는 거예요?

나 … 어른들은 안 넘어지기 위해서 조심하기 때문이란다.

아이 … 왜요?

나 … 어른들은 조심할 수 있도록 운동능력이 아이들보다 더 발달했기 때문이란다.

아이 … 왜요?

나 … (자꾸 묻기에 아이에게 되물어봄)그럼 네 생각에는 왜 그럴거 같아?

맘이 … 어른들은 넘어지면 창피하기 때문이에요!

딸아이가 자꾸 "왜요?"라고 물으면 나는 아이의 생각이 어떤지 되물어 본다. 그리고는 아이의 엉뚱한 대답에 웃음이 나오곤 한다. 자기가 생각한 답변이 나올 때까지 계속 물어보는 것이다. 이때 눈치를 채고 곧바로 되물어보면 아이와의 페이싱이 이루어진다.

듣기와 질문하기를 결합하면 그 효과가 동반상승 한다. 듣기에 집중하면 더 나은 질문을 하고, 더 나은 대답을 들을 수 있다. 아이의 대답을 주의 깊게 듣고, 그것을 재료로 해서 아이의 상상력을 자극하는 질문으로 응답하면 대화를 재미있게 이어나갈 수 있다.

내가 온 몸으로 듣는 태도를 보여줘야 딸은 신이 나서 계속 이야기한다. 딸은 중요한 말을 하는데 내가 쳐다보지 않고 있으면 자기를 쳐다보라고 소리친다. 자기 말을 엄마가 경청해 주기를 원한다. 나의 듣는 태도가 안 좋다고 아이가 지적하면 내심 기쁘다. 그것은 딸의 자존감이 높다는 뜻이기 때문이다. 딸은 자신감 있게 말하고, 남의 말을 경청하는 대화의 기본자세를 알고 있는 것이다.

질문은 대답을 이끌어낸다. 아이의 말을 경청한 다음에는 그것을 토대로 아이에게 질문을 해야 한다. 질문할 때는 특정한 목적을 갖고 하는 것이 좋다. 목적을 가진 질문은 목적을 성취해내는 해답을 아이로부터 얻어낼 수 있다.

다음은《어린 왕자》에 나오는 글귀이다.

어른들에게 새로 사귄 친구의 얘기를 해도 가장 본질적인 것을 물어보는 일은 없다. "그 친구의 목소리는 어떠니? 제일 좋아하는 노래는 뭐니? 나비를 수집하니?"그들은 절대 이런 질문을 하지 않는다. 대신에 "나이는 몇이니? 형제는 몇이고? 체중은 얼마지? 아버지는 돈을 얼마나 벌어?"라고 묻는다. 이런 숫자를 통해 그 친구를 파악했다고 생각하는 것이다.

만약 어른들에게 "창문에 제라늄 화분이 있고 지붕에는 비둘기가 있는 장미 빛 벽돌집을 보았어요."라고 말하면 그들은 그 집에 관해 어떤 단서도 얻지 못한다. 따라서 그들에게는 "십만 프랑짜리 집을 봤어요."라고 말해야 한다. 그러면 그들은 "아, 정말 대단한 집이구나."라고 소리친다.

어른이 원하는 정보를 얻기 위해 아이에게 숫자를 물어보는 식의 질문에 아이는 답하기 귀찮아한다. 숫자를 답으로 기대하는 질문에는 숫자로 답해야 한다. 아이는 숫자로 답하기 싫지만 할 수 없이 숫자로 답해주는 것이다. 아이 연령대 수준에 맞지 않는 합리적이고 이성적인 질문으로는 아이의 마음을 열 수 없다. 아이의 연령대별로 적절한 질문을 해야 한다. 유치하고 순진하고 말도 안 되는 엉뚱한 질문일수록 아이들은 더 신나게 대답해 준다.

질문은 의식을 바꾸는 힘을 갖고 있다. 의식은 한 가지 일에만 초점을 맞출 수 있기 때문에 누군가로부터 질문을 받으면 질문의 내용에 의식을 집중해서 대답한다. 아이가 'TV 보고 싶은데.'라고 생각하고 있는데 갑자기 부모가 "배고프지 않니?"라고 물어보면 아이는 '참! 그러고 보니 집에 와서 간식을 하나도 안 먹었네.'라고 생각하며 의식의 초점을 TV에서 간식으로 옮기게 된다.

다음은 질문이 상대방의 의식이 향하는 방향을 이끄는 힘을 갖고 있음을 보여주는 실험이다.

심리학을 전공한 어떤 젊은이가 육군에 복무하면서 긍정적 질문의 힘에 대한 실험을 했다. 취사 임무를 맡았을 때 그는 식사 대기 줄의 끝에서 살구를 분배하는 일을 했다. 처음 몇 명에게 "살구는 먹고 싶지 않지요. 그렇지요?" 하고 물었다. 90퍼센트가 "예, 먹고 싶지 않아요."라고 대답했다. 그러고 나서 그는 긍정적인 접근법을 시도했다. "살구를 먹고 싶지요. 그렇지 않나요?" 절반 가량이 "아, 그래요. 좀 가져갈게요."라고 대답했다. 그러고 나서 그는 둘 중 하나를 택하는 기본적인 방법에 근거해서 세 번째 시도를 했다. 이번에는 "살구 한 접시를 드릴까요? 아니면 두 접시를 드릴까요?" 하고 물었다. 그랬더니 군인들은 살구를 좋아하지 않음에도 불구하고 40퍼센트가 두 접시, 50퍼센트가 한 접시를 받아갔다.

이 실험은 긍정적인 질문에는 긍정적인 답변을, 부정적인 질문에는 부정적인 답변을 하고 싶어 하는 사람의 심리를 보여주고 있다. 질문은 사람의 의식을 이끄는 힘이 있다.

질문은 긍정적인 목적을 갖고 아이를 이끌어야 한다.

아이들에게 "왜?(why)"라고 묻지 말고 "무엇 때문에(what)?" 또는 "어떻게 해서?(how)"라고 질문하라는 지침이 있다. "왜 동생을 때렸니?""너는 도대체 왜 그러니?"라는 why형 질문에는 "동생 때리지 말라고 그랬지?"라고 언니를 비난하려는 목적이 들어 있다. 왜 그러냐는 질문에는 정말 싸운 이유가 궁금해서 물어보는 것이 아니라 아이를 힐책하고 비난하려는 뜻이 들어 있다. why형 질문은 아이를 당황하게 만들고, 변명하는 답변을 하게 만든다.

하지만 "어떻게 해서(how) 때린 거야?" 또는 "무엇 때문에(what) 때린 거야?"라는 how형 또는 what형 질문에는 정말 싸운 이유가 궁금해서 물어보는 의도가 들어 있다. 이러한 질문은 아이가 부모의 눈치를 안 보고 때린 이유를 정직하게 말하도록 도와준다.

질문의 의도에 따라 아이의 답이 달라지는 것이다.

부모는 아이에게 던지는 질문의 의도가 무엇인지 먼저 따져봐야 한다.

부모가 부정적인 의도를 가지고 하는 질문은 아이에게 부정적인 영향을 미칠 뿐이다. 그런 질문은 차라리 안 하는 게 낫다. 좋은 의도를 갖고 아이에게 질문을 던져야 한다.

질문의 아주 작은 변화가 아이에게 새로운 전환점을 마련해 줄 수 있다. 아이가 원의 중심에 있다고 가정해 보자. 아이의 생각에 대한 방향을 1도만 틀어주는 질문을 부모가 던진다고 생각해 보자. 아이가 1도를 틀어서 앞으로 곧장 걸어간다면 1도를 틀기 전과는 전혀 다른 길을 향해 걸어가게 된다. 부모가 아이에게 매일 하는 질문의 수준을 조금씩 의미 있게 1도만 방향을 틀어서 지속적으로 물어봐주면 아이의 훗날 인생은 달라질 것이다.

우리 세대는 어릴 때부터 "그렇게 하지 말라고 그랬지?""했어? 안했어?""도대체 왜 그러니?"와 같은 심판과 단정하는 질문들에 익숙해진 채 자라왔다. 이런 질문 형태를 전통처럼 우리 아이들에게 전해주고 있다. 언어적 전통의 흐름을 새로운 방향으로 약간만 틀어주는 전환의 질문을 우리 아이들에게 던질 때가 왔다.

질문하는 방법은 아이의 생각을 긍정적으로 자극하는 질문법과 아이의 자존감을 높여주는 질문법 등 크게 두 가지로 나눠서 설명할 수 있다.

긍정적인 목적으로 하는 질문은 긍정적인 대답을 유도한다.

부모가 아이 입장에서 아이의 언어를 사용하여 유치하게 물어보면 아이는 진심을 드러내주는 순수한 대답을 한다.
부모가 아이의 자신감을 키워주려고 물어보면 아이는 목소리부터 커진 대답을 한다.
부모가 아이 스스로 해답을 찾길 바라는 마음으로 물어보면 아이는 한층 더 성숙해진 태도로 대답한다.
부모가 아이에게 승낙을 바라는 부탁을 정중하게 하면 아이는 자비를 베풀듯이 어깨에 힘을 주면서 허락해 준다.

부정적인 목적으로 하는 질문은 부정적인 대답을 유도한다.

부모부터 화내는 질문을 하면 아이는 부모의 화에 기름을 끼얹는 대답을 한다.
부모가 죄책감을 유도하는 질문을 하면 아이는 부모를 비난하는 대답으로 방어한다.
부모가 넌 잘한 것이 있냐면서 자신감을 떨어뜨리는 질문을 하면 아이는 목소리부터 기가 죽어 눈치 보며 대답한다.
부모가 잘못을 판가름하는 질문을 하면 아이는 변명과 핑계거리를 찾는 대답을 한다.

1 | 아이의 생각을 긍정적으로 자극하는 질문법

1943년에 에드윈 랜드는 세 살 된 딸과 해변을 거닐며 사진을 찍기 시작했다. 딸은 바로 그 자리에서 사진을 보고 싶어 했다.

"아빠, 왜 사진을 금방 볼 수 없어요?"

세 살 된 딸의 이 질문을 듣고 그는 유치하다고 비웃지 않고 오히려 자극을 받는다. 그리고 그로부터 5년 뒤에 최초의 폴라로이드 카메라를 발명한다. 질문이 사고를 자극한 결과 발명을 이끌어낸 것이다.

긍정적 질문이 긍정적 사고를 자극한다.

성공하지 못하는 사람들은 자신에게 이렇게 묻는다. '왜 하필 나야?' 하지만 성공하는 사람들은 '이 경험을 어떻게 이용할 수 있을까?' '여기서 무엇을 배울 수 있을까?'라고 묻는다. 질문이 사람의 생각을 바꾸는 것이다. 질문은 생각을 결정하고, 생각은 마음가짐을 결정하고, 마음가짐은 행동을 결정한다. 인생에서 성공하고 행복한 사람들은 자기 자신에게 유익한 질문을 던지는 사람들이다.

스스로에게 물어보는 질문 패턴은 어릴 때부터 형성된다. 아이가 낙관적이냐 혹은 비관적이냐는 부모가 아이의 생각을 긍정적으로 자극하는 질문을 주로 하였는지, 아니면 힐책하고 죄책감을 심어주는 질문을 주로 하였는지에 따라 주된 영향을 받는다.

질문에는 낙관적인 질문과 비관적인 질문이 있다.

낙관적인 질문은 문제를 직시하고 문제를 통하여 무언가를 배우려고 한다. 문제를 해결하기 위하여 상호 협동적인 학습자의 태도를 갖고 있다. 문제를 통해 새로운 미래를 계획한다. 마릴리 애덤스는《삶을 변화시키는 질문의 기술》에서 두 갈래의 질문법에 대해 설명한다.

비관적인 질문은 문제 상황을 회피하려고 한다. 문제 앞에서 자신을 정죄하며 남을 심판하고 배타적인 태도를 갖고 있다. 문제에 묻혀서 미래를 내다보지 못한다.

나는 두 딸이 서로 싸우다가 한 명이 우는 것을 보면 비관적인 질문이 습관처럼 튀어나온다.

"누가 잘못 한 거니?"
"왜 싸웠니?"
"누가 먼저 때렸지?"
"누가 장난감을 뺏은 거야?"

이런 비관적인 질문들을 아이들이 문제를 통하여 배울 수 있는 낙관적인 질문들로 바꿔보자.

"싸우니까 기분이 어떠니?"
"어떻게 해서 서로 싸우게 된 거니?"
"동생이 무엇 때문에 너를 때린 거니?"
"앞으로 싸우지 않으려면 어떻게 같이 노력하면 될까?"

아이가 만약 얼굴에 할퀸 자국을 하고 집으로 돌아왔다면 나는 놀란 마음에 이렇게 묻기가 쉽다.

"누가 네 얼굴을 할퀴었지?"
"그 친구는 왜 네 얼굴을 할퀴었니?"
"누가 먼저 잘못한 거지?"

이런 질문은 수사관이 하는 것이다. 낙관적인 질문으로 바꿔보자.

"많이 속상하지?"
"네 얼굴을 할퀸 친구는 어떻게 해서 화가 난 거야?"
"앞으로 친구가 화나지 않게 하려면 어떻게 하면 좋을까?"
"그럼, 앞으로 너는 그 친구에게 어떻게 대해 줄 거니?"

낙관적인 질문

- 이 문제가 된 상황에서 나의 마음 상태는 어떠한가?
- 이 문제가 날 어렵게 하는 점은 무엇일까?
- 내가 어떻게 해서 실패했을까?
- 내가 여기서 책임질 일은 무엇일까?
- 이 문제에서 배울 점은 무엇일까?
- 문제 해결에 도움을 줄 사람은 누구인가?
- 다음에는 성공하기 위해서 어떤 방법들을 목표로 세울까?

비관적인 질문

- 나는 왜 이렇게 바보 같은 짓을 했지?
- 그들이 내게 무슨 잘못을 저지른 거지?
- 누가 날 이 함정에 빠트린 거지?
- 내가 잘못한 것이 없음을 어떻게 하면 입증할까?
- 내가 질 수도 있겠지?
- 어쩌다가 내가 이렇게 되었을까?

다음의 예시문을 낙관적인 질문으로 직접 바꿔보자.

엄마가 하지 말라고 했잖아! 근데 왜 자꾸 그러는 거니? (힐책)

예) 네가 엄마한테 무슨 불만이 있는 걸까? (생각하기)

엄마가 언제까지 너랑 계속 놀아주어야 되니? (죄책감)

예) 네가 혼자서도 잘 놀 수 있는 방법은 무얼까? (방법모색)

엄마가 돌아다니면서 밥 먹으면 안 된다고 했지? (강요)

예) 돌아다니면서 밥 먹고 싶은 이유가 무엇일까? (원인찾기)

잠잘 시간이다. 너희들 양치질 했어? 안 했어? (힐책)

예) 잠잘 시간이다. 너희들 빠트린 것 없니? (생각하기)

엄마가 울지 말고 예쁜 말로 하라고 했지? (명령)

예) 어떻게 해서 울게 된 거니? 무엇이 속상한 거지? (마음읽기)

2 | 아이의 자존감을 높이는 질문법

자존감이 높은 아이에게는 아이를 설득하는 질문을 한다.

자기 신념이 강한 아이는 누가 이래라 저래라 하면 저항하는 성향이 강하다.

우리 가족이 다니는 교회는 집에서 자동차로 40분 정도 걸린다. 교회 갈 때는 아이들을 자동차 뒷좌석에 나란히 앉혀놓고 고속도로를 이용한다. 아이 아빠는 성가대 봉사를 하느라 먼저 교회에 가기 때문에 돌전부터 아이들을 나 혼자서 운전하며 교회로 데리고 다녔다. 안전벨트에 꼼짝 못하고 잡혀 있는 아이들에게는 그 시간이 지루하기만 하다. 갖고 있던 과자나 장난감, 책을 바닥에 떨어뜨리면 속상해서 곧잘 운다. 도착할 때까지 떨어진 물건들을 보면서 참고 기다려야 하기 때문이다. 속상한 나머지 운전하는 내게 주워달라고 엉엉 울기도 한다.

"얘야! 참는 사람이 나중에 훌륭한 사람이 될 수 있다고 했지? 아직 교회에 도착하려면 멀었어. 엄마는 운전 중이니까 주워줄 수 없단다. 그때까지 참아 줄 수 있지? 이제 그만 울자."

아무리 달래도 소용이 없자 방법을 바꿔서 거꾸로 아이에게 해결책을 물어보았다. 그러자 아이는 내가 원하는 대답을 해주면서 스스로를 설득했다.

나 … 엄마는 지금 운전 중이라서 떨어진 과자를 주워 줄 수가 없단다. 네 생각에는 이 상황에서 어떻게 하면 좋을 것 같아?

아이 … 엄마는 지금 운전 중이니까 빨간 신호등에서 차가 멈추면 과자를 주워 주세요.

나 … 그때까지 참을 수 있겠니?

아이 … 네. 참을 수 있어요! (대답하면서 울음을 그침)

내가 설득해도 아이는 울기를 계속했으나, 해결책을 묻는 질문에는 울음을 뚝 그쳤다. 생각의 방향을 조금 틀어주는 엄마의 질문에 아이는 해답을 생각하느라 감정을 가라앉힐 수 있었던 것이다. 아이가 자신의 답변에 책임감을 느끼고 스스로를 설득한 셈이다.

이런 사례도 있다. 잠자기 전에 나는 으레 아이에게 이렇게 말한다.

"양치질해라! 쉬하고 와라!"

그럼 억지로 하고 온다.

대신에 아이에게 거꾸로 이렇게 물어봤다.

"자기 전에 잊어버린 것은 없니?"

그랬더니 아이는 이렇게 대답했다.

"네, 있어요. 양치질과 쉬하는 거요!"

그러면서 스스로 자기가 할 일을 기쁘게 챙겼다.

부모가 아이의 의견을 물어보면 아이는 스스로 해답을 찾았다는 뿌듯함에 자신감과 책임감이 쑥쑥 자란다. 아이를 설득하기 전에 한 템포 늦추어서 먼저 아이에게 질문을 해보자. 질문에 답하다 보면 자신감이 상승되어 스스로 설득된다. 이것이 자존감을 높이는 양육 방법이다.

부모가 원하는 대답이 나오는 질문을 던져 보자.

성인이 된 자녀가 통행금지 시간을 넘긴 경우 "늦게 다니면 안된다고 했잖아!"라고 잔소리부터 하기 쉽다. 잔소리 대신 "네가 너무 늦게까지 바깥에서 돌아다니면 어떤 일들이 생길까?"라고 자녀로부터 부모가 듣고 싶은 답변이 나오도록 질문을 해보는 것이다.

두 아이가 서로 장난감을 갖겠다고 싸우는 것을 보면 훈계하는 말이 나온다. 훈계 대신에 "이 인형을 서로들 갖고 싶었구나. 언니 생각에는 이 상황에서 어떻게 하면 좋겠니?"라고 물으면 큰아이는 "동생에게 다른 인형을 대신 갖다 주는 거예요. 같이 놀 수 있게요."라고 고맙게도 내가 할 말을 대신 해준다. 그리고 자신이 낸 해결책을 시행하려고 노력한다. 부모가 아이의 자존감을 먼저 높여주면 아이는 자존감이 높은 모습을 정말 보여준다.

엄마가 하고 싶은 말을 꺼내기 전에 먼저 아이의 생각을 물어보자. 질문하는 사람이 대화의 주도권을 잡고 있는 것이다. 아이가 부모의 뜻에 공감하도록 방향을 정하고 질문을 해보자. 아이도 자신의 의견을 존중해 주는 부모의 뜻에 호의적인 대답을 해줄 것이다.

아이의 선택권을 존중하는 질문은 아이의 자존감을 높인다.

아이들은 자신이 한 행동이 스스로 선택하고 결정한 것임을 깨닫지 못하는 경우가 많다. 부모의 강요와 명령에 익숙해진 아이들은 자신이 한 행동에 대한 책임이 부모에게 있다고 생각한다. 다음과 같은 식으로 결정권이 다른 사람에게 있는 것으로 미룬다.

"엄마 때문에 제가 이렇게 한 건대요."
"그 친구 때문에 우울해요."
"오빠가 그렇게 하라고 해서 한 거예요."
"수학이 저를 따분하게 만들어요."
"영어 선생님 때문에 영어시간이 너무 재미없어요."

아이의 자립심을 키워 주려면 아이 스스로 선택하고 결정하도록 유도하는 질문을 많이 해줘야 한다. 그래야 아이가 자신이 한 행동에 책임을 지는 방향으로 발전한다. 아이에게 어떤 선택을 할 것인지 의향을 물어본 뒤에, 아이가 어떤 선택을 했다면 부모는 결정권이 아이에게 있었음을 다시 강조해준다.

"네가 ~을 하기로 선택했구나!"
"네가 ~을 하기로 결정했구나!"

이런 말을 반복적으로 들려주면 아이도 책임감 있는 언어로 답변해 준다.

“예, 제가 ~을 하기로 선택했어요.”
“예, 제가 ~을 하기로 결정했어요.”

다음은 엄마가 아이의 의견을 물어본 다음, 아이의 결정을 존중하는 대응 자세의 사례이다.

“네가 엄마에게 불평하기로 마음먹었다면 엄마는 너에게 대꾸를 안 할 거란다.” 이런 말을 들은 아이는 자신의 불평에 전혀 대꾸를 하지 않고 무시하는 엄마를 비난하지는 않는다. 자신이 불평하기로 선택했음에서 비롯된 엄마의 무시이기 때문이다.

“네가 동생에게 장난감을 양보하는 쪽으로 선택했으니 엄마는 그 보답으로 초콜릿을 주겠다.” 이 말은 엄마로부터 초콜릿을 받을 수 있는 결정권도 아이에게 있다는 뜻이다. 아이가 동생에게 양보하는 쪽으로 선택을 해줘야 엄마도 초콜릿을 줄 수 있다.

“네가 밥을 다 먹기로 결정했다면 엄마는 신데렐라 DVD를 보여주겠다.”

이 말은 아이가 밥을 다 먹기로 결정해 줘야 엄마는 그에 대한 대응으로 신데렐라 DVD를 보여줄 수 있다는 뜻이다. DVD를 볼 수 있느냐 없느냐는 아이의 결정에 달려 있다.

이렇게 부모가 아이의 결정을 존중해 주는 문장을 반복적으로 쓰게 되면 아이도 그에 맞춰 주도적인 자세로 답변하는 습관이 생기게 된다.

아이가 "~을 하기로 했어요." "~하기로 마음먹었어요."라고 말하는 것은 자존감이 상승하는 놀라운 변화이다.

"엄마가 대꾸를 안해도 저는 불평하기로 마음먹었어요. 엄마는 제가 왜 불평을 하고 있는지 알아야 하니까요."

"동생에게 장난감을 양보하지 않는 쪽으로 선택했어요. 초콜릿은 안 먹을 거예요."

"엄마가 먹여 주지 마세요. 저 혼자 다 먹기로 결정했어요. 그럼 신데렐라 보여줄 거지요?"

이처럼 자존감의 변화가 말로 나타나는 것이다. 아이가 자신의 행동을 선택했다는 말은 선생님이나 부모라는 외부의 힘이 아니라 자기 내면의 힘에 의해 결정하고 행동했음을 인정하는 말이다. 진료실에서 환아가 약을 안 먹겠다고 우기면 나는 이렇게 아이에게 '결정'과 '선택'의 단어를 반복하면서 말한다.

나 … 약 안 먹으면 주사 맞아야 하는데? 주사 맞고 싶어? 아니면 약 먹고 싶어? 선택은 네가 하는 거란다. 네가 약을 잘 먹기로 선택한다면 나는 주사를 주지 않을 거야. 어떻게 할래?

아이 … 약 먹을래요. 주사 싫어요!

나 … 약 먹기로 결정했구나. 다음에는 약을 잘 먹고 오너라. 앞으로도 약을 잘 먹기로 결정한다면 주사는 안 맞아도 돼.

이런 예도 있었다. 중학생이 혼자 장염으로 진료를 하러 왔다.

나 … 약 먹고 학교에 다시 들어갈 거니?

아이 … 네! 근데 너무 아파서 좀 걱정이 되요.

나 … 얼굴이 많이 창백하구나. 주사를 맞으면 좋을 텐데 네 생각은 어떤지 궁금하구나.

아이 … 전 어떻게 해야 될지 잘 모르겠는데요.(주사를 내심 무서워하는 표정임)

나 … 네가 학교에서 편하게 공부하고 싶으면 주사를 맞는 쪽으로 결정하면 어떨까? 내가 보니 약으로는 빨리 복통이 가라앉을 거 같지 않구나.

아이 … 네. 주사 맞고 갈게요.

아이들에게 잔소리를 할 상황이 벌어졌을 때 아이 스스로 다른 방법으로 결정해 주도록 이끌어 주는 질문을 하면 좋다.

"우리 집에는 화난다고 서로를 꼬집고 때려서는 안된다는 규칙이 있단다. 그러니 애들아! 싸우는 것 말고 다른 방법으로 결정해 주겠니?"

"내 수업시간에는 떠들면 안된다는 규칙이 있단다. 내가 수업을 진행하는데 지장이 있거든. 그러니 다른 방법으로 선택해 주겠니?"

"게임 중에 속이는 것은 게임을 망치게 한단다. 속이는 것 말고 다른 방법으로 해주겠니?"

다른 결정을 해달라고 부탁하는 질문은 직접적인 훈계보다 아이들에게는 효과가 좋았다. 특히 스스로 하기를 좋아하는 둘째딸의 경우는 효과가 더 좋았다.

생활 속에서 아이가 선택할 수 있는 것들은 많이 있으나 아이들에게 일일이 물어보는 것은 정말 귀찮다. 이런 질문은 부모에게 양육의 짐을 한층 더할 뿐이다. 부모가 하라는 대로 아이가 순순히 따라 주는 것보다 부모가 아이의 뜻에 맞추어 해주는 것이 훨씬 더 많은 시간과 노력이 요구된다. 그래도 아이의 자존감을 높이고 싶다면 아이의 선택과 결정대로 따라가 주는 좁은 문으로 들어가라고 권하고 싶다.

이래라 저래라 하는 잔소리는 아이들의 자존감을 낮춘다. 이에 비해 아이의 선택을 물어보는 질문과 아이가 스스로 결정하도록 자극하는 추임새는 아이들의 자존감을 상승시킨다.

"오늘은 무엇을 입고 갈 거니?"
"오늘은 무슨 신발을 신고 갈 거니?"
"네가 사고 싶은 옷을 골라 보렴."
"네가 읽고 싶은 책을 갖고 오렴. 엄마가 읽어 줄게."
"이것은 너의 결정에 달렸단다."
"네가 선택하렴."
"네가 원하는 것을 고를 수 있단다."

자존감의 실체는 아이가 고난과 실패를 만났을 때 드러난다.

실패했을 때 좌절과 실망을 느끼는 것은 당연하지만, 그런 감정을 훌훌 털어버리고 자기능력을 믿고 다시 일어서는 자존감은 삶을 지켜 주는 행복 에너지이다.

자존감에 대한 질문들 중에 "네가 하는 일들이 자꾸 실패하면 어떻게 할 거야?"라는 질문에 대한 아이들의 답변에 주목해 보자. 아이의 자존감이 어떤 상태인지 그 실상을 가늠해 볼 수 있다.

성경에 "대저 의인은 일곱 번 넘어질지라도 다시 일어나려니와 악인은 재앙으로 말미암아 엎드러지느니라."라는 말씀이 있듯이 일곱 번 넘어져도 다시 일어설 수 있도록 아이들을 키워야 한다. 그 열쇠는 자존감이 쥐고 있다.

공감대화 • 5단계

칭찬하라

부모의 칭찬은 아이가 위축되지 않고, 자신감을 얻도록 만드는 활력소이다.
칭찬은 아이에게 긍정적인 자아상을 형성시키고,
거기에 적합한 습관을 만들도록 도와준다.

아이는 칭찬을 먹고 자란다.

칭찬을 많이 받는 아이는 자신 안에 잠재해 있는 무한한 가능성을 발휘해서 자신감 있게 인생의 역경을 헤쳐나간다. 칭찬은 아이가 미래에 풍성한 결실을 맺을 것이라는 긍정적인 암시와도 같다. 부모의 칭찬은 아이가 위축되지 않고, 자신감을 얻도록 만드는 활력소이다. 그러니 부모는 칭찬의 힘을 최대한 활용하면서 아이를 키워야 한다.

아이가 부모의 칭찬을 그대로 믿게 만들려면 칭찬을 함부로 남발해서도 안된다. 무조건적인 칭찬은 아이가 한 행동과 관계없이 무조건 해주는 것이다. 조건적인 칭찬은 아이가 칭찬받을 행동을 했을 때만 해주는 칭찬을 말한다.

무조건적인 칭찬은 아이가 통제할 수 없고, 조건적인 칭찬은 아이가 통제할 수 있다. 통제할 수 없는 일이 벌어질 때 아이들은 무력감을 느끼고 통제할 수 있을 때는 자신감이 생긴다. 자신이 한 행동과 상관없이 늘 터지는 칭찬은 아이에게 무력감을 느끼게 하기 때문에 좋지 않다. 칭찬은 무턱대고 하지 말고 칭찬의 법칙대로 지혜롭게 하면 자녀 양육에 유익한 점이 많다.

칭찬하는 방법을 격려하는 칭찬, 긍정적인 평가, 인정하는 칭찬의 세 가지로 나누어 설명한다.

1 | 격려하는 칭찬

부모가 부정적인 면만 지적하면 아이는 부정적인 면을 자신과 동일화시킨다.

부모가 자기에게 부정적인 평가를 하면 할수록 아이는 부모에게 더 욱더 반항한다. 부모가 자신을 사랑하지 않는다고 오해한다. 나쁜 면을 끝없이 지적하는 것은 부모와 자식 간의 관계에 금이 가게 한다.

아이가 하루에 99%의 말썽을 피우고 1%의 칭찬받을 행동을 했다면 부모는 99%를 꾸중하기보다 그 1%에 관심을 가지고 아이를 칭찬해야 한다. 그러면 1%의 긍정적인 행동은 강화되고 증폭되어서 부모와 아이는 더 가까워질 수 있다. 이것이 바로 격려의 힘이다.

이런 종류의 격려를 학교 선생님이 해주기는 쉽지 않다. 선생님은 대체로 이성적이고 냉철하게 행동해야 하기 때문이다. 그러나 부모는 자녀를 조건 없이 사랑하기 때문에 가능하다. 격려는 아이의 존재 자체, 지금의 모습 그대로를 북돋워준다. 부모는 현재 아이의 모습은 초라할지라도 앞으로 성공할 거라는 믿음이 있기 때문에 아낌없이 격려해준다. 부모는 아이가 신체에 결함이 있어도, 꼴찌를 해도, 왕따를 당해도, 심지어 아이가 잘못을 저질러도 격려해 줄 수 있다. 격려는 부모가 아이에게 해줄 수 있는 특권이자 가장 값진 칭찬이다.

격려는 아이들의 모험심과 탐험심도 길러준다.

우리 딸들에게 "잘한다! 잘한다!" 라며 자주 북돋워주었더니 내가 시도도 해보지 않는 일들을 하려고 들었다. 우리 집이 15층에 있는데 딸들이 1층에서 15층까지 걸어서 올라갈 거라고는 전혀 생각지 못했다. 그런데 큰딸(6살)이 갑자기 엘리베이터 앞에서 "엄마! 걸어서 한번 올라갈래요."라고 하는 것이다. 나는 "그래? 그럼 한번 해보렴." 그랬더니 작은딸(5살)도 질세라 같이 합세하였다. 1층에서 15층을 아이들은 몇 분 만에 단숨에 올라왔다. 그런 모습에 경탄하는 나의 모습을 보고 아이들은 즐거워했다. 그 이후 딸들은 틈만 나면 15층 계단 오르고 내리기를 습관처럼 즐기게 되었다. 나는 힘들어서 같이 안 올라가고 엘리베이터를 타고 올라가 15층에서 아이들을 맞아주었다.

자존감이 올라가는 방법을 아이들 스스로 찾아내게 도와줄 수 있었던 것은 격려의 덕분이었다고 생각한다.

피아니스트 이희아와 오토다케의 이야기가 있다.

네 손가락의 피아니스트로 유명한 이희아씨 뒤에는 어머니의 격려가 있었다. 어머니 눈에는 한 손에 손가락 두 개뿐인 딸의 손이 튤립처럼 예쁘게 보인다고 말해주었다. 이것은 장애를 가진 딸에 대한 어머니의 무한한 격려이다.

《오체불만족》의 저자 오토다케의 어머니는 아이를 낳았을 때 팔다리가 없는 것은 보이지 않았다고 한다. 생명의 탄생에만 집중했기 때문이다. 팔다리가 없는 아들을 보고 어머니가 기절할 것에 대비하여 병원에서는 구급차를 대기시켜 놓았다. 그러나 어머니의 반응은 "어머, 귀여운 우리 아기"였다. 어머니가 팔다리 없는 아들을 만나 처음 느꼈던 감정은 실망이 아니라 기쁨이었다.

카우와이섬의 빈민가 아이들에 대한 연구도 있다.

1955년 심리학자 에미 워너 교수와 루스 스미스 교수는 하와이섬에 딸린 카우와이섬에 사는 201명의 아이들을 40년간 추적관찰 했다. 섬은 알코올중독자, 정신질환자, 범죄자들이 모여 사는 최악의 교육환경이었기 때문에 여기서 자라는 아이들이 훗날 어떤 문제점을 겪는지 알아보기 위한 장기 연구였다. 놀랍게도 아이들 가운데 3분의 1정도는 교육성적도 좋고 리더십도 뛰어나서 훌륭한 어른으로 자랐다는 결과가 나왔다.

훌륭하게 자란 아이들의 열악한 성장과정 중에는 공통점이 있었는데, 그것은 아이들 주변에 최소 한 명의 어른이 조건 없는 사랑을 베풀어 주었다는 사실이다. 누군가 아이를 조건 없이 사랑해 주고 격려해 주는 힘은 역경에 굴복하지 않고, 시련을 이겨내도록 도와주는 면역력을 제공한다.

격려는 부모의 당연한 의무이자 위대한 특권이다.

부모의 격려는 평범한 아이를 특별하게 만든다. 아이의 상태와 기분에 상관없이 꾸준히 쏟아주는 부모의 격려는 아이가 앞으로 문제 상황에 처하게 될 때 긴요하게 사용될 저축예금과도 같다. 격려를 잘하는 부모는 아이에게 더 할 나위 없는 버팀목이 된다.

나는 틈만 나면 재미있는 표현으로 아이들을 격려해 주는데, 그러면 아이들은 깔깔대고 웃는다. 표현방법을 조금씩 바꿔주면 아이들은 신선한 충격을 받으며 좋아한다. 아침에는 아이의 몸을 만져가면서 신체에 대한 찬사를 해주면 아이들은 깔깔거리며 하루를 시작한다. 막 잠에서 깨어난 아이를 북돋아주는 표현은 활기찬 하루를 여는 축복의 씨앗이 된다.

- 우리 딸은 엄마의 솜사탕! 엄마의 초콜릿!
- 우리 딸의 콧망울은 꽃 봉우리 같아.
- 우리 딸의 배꼽은 해바라기네.
- 우리 딸의 엉덩이는 폭신폭신하고 맛있는 구름빵이네.
- 우리 딸의 눈망울은 어쩌면 이렇게 반짝반짝 빛날까?
- 우리 딸을 만난 건 내 인생에서 가장 큰 축복이야.
- 엄마는 너를 위해서라면 하늘에서 별이라도 따와서 주고 싶단다.
- 하늘의 천사가 너를 보면 너무나 귀여워서 어디가 하늘이고 어디가 땅인지 잊어버리겠네. 그러다 땅으로 떨어지겠네.

격려는 어떤 상황에서든 해줄 수 있다. 격려는 부정적인 상황을 긍정적인 상황으로 바꾸어 주는 전환점이 된다. 도저히 칭찬할 수 없는 상황에서 해주는 격려 한 마디가 아이의 태도를 바꾼다.

- 아이가 지나치게 산만하고 부산할 때
  ⋯▸ 너는 정말 열정적이고 활동적이구나.
- 아이가 실패하여 낙망하고 의욕이 없을 때
  ⋯▸ 새로운 도전을 위한 충전기간일 거야. 힘내!
- 아이가 공주흉내를 내며 공주 옷만 입으려고 할 때
  ⋯▸ 아름다운 것을 볼 줄 아는 탁월한 눈을 가졌구나.
- 아이가 지나치게 깔끔을 떨 때
  ⋯▸ 자기관리를 잘 하는 사람이 성공하는 법이란다.

부모로부터 자신의 단점을 장점으로 바꿔주는 말을 들으면 아이도 부모의 단점에 대해 긍정적인 생각을 한다. 어렸을 때 부모님이 일 때문에 집에 안 계셔서 혼자 외롭게 지내는 아이가 있다고 가정하자. 아이도 '부모님에게 일일이 간섭받지 않아서 좋아. 나는 혼자서 알아서 잘 하잖아.'라고 생각할 수 있다.

나는 두 아이가 싸우면 꾸중과 훈계보다는 격려를 해주려고 노력한다. 부정적인 행동은 눈감아주고, 긍정적인 행동으로 관심을 전환시켜서 아이들의 뇌에 각인시켜 준다. 그러면 아이들은 머쓱해하면서 서로 양보하고, 어두웠던 표정도 밝아진다. 아이들도 자기 모습을 긍정적으로 만들고 싶은 본능이 있기 때문이다.

격려의 효과를 맛보기 위해서 나는 좋은 단어를 머릿속에서 끄집어 내어 표현한다. 긍정적인 단어들을 행복한 표정에 담아내면 아이들은 겸연쩍은 표정으로 서로 양보해 준다. 이 기회를 얼른 포착해서 진하게 스킨십을 퍼부어 준다.

한번은 목욕탕에서 두 아이가 핑크수건을 서로 갖겠다고 싸우고 있었다. 엄마로서 잔소리를 하고 싶었지만 꾹 참고 내가 알고 있는 모든 예쁜 말들을 다 꺼내어서 격려했다.

"엄마는 저번에, 언니가 장난감을 동생에게 양보하는 모습을 보고 정말 흐뭇했단다. 우리 딸이 벌써 이렇게 컸구나 하구 말이야. 동생을 사랑하며 아껴주는 언니가 참 대견했어. 그런 우리 딸이 얼마나 예쁘고 사랑스러운지 몰라. 특히 동생에게 양보할 때는 더 사랑스러워. 엄마는 그때 정말 행복하단다."

아이들과 실내놀이터에서 있었던 일이다. 딸들이 낚시 고리로 종이 물고기 잡는 놀이를 하고 있었다. 어떤 남자아이가 물고기들을 자기 앞으로 다 끌어 모아놓아 물고기잡기 놀이를 방해했다. 나는 그 남자 아이를 얼른 격려해 주었다.

"저 오빠, 참 멋있어 보인다. 얼굴도 잘 생기고 말이야. 물고기가 궁금해서 한번 만지고 싶었나 봐. 호기심이 많은 오빠인가 봐. 만져보고 궁금증이 풀리면 도로 줄 거야. 그때까지 우리 기다려주자."

내 말에 그 남자아이는 겸연쩍어하더니 종이물고기를 주고는 다른 곳으로 가버렸다. 이것이 바로 격려의 힘이다.

어른들은 권위를 여러 용도로 사용할 수 있다. 권위를 아이들 꾸중하는데 사용하는 어른이 평범한 왕이라면, 권위를 아이들 격려하는데 사용하는 어른은 슬기로운 왕과 같다.

권위를 가진 부모의 반응이 아이의 행동을 결정한다.

어떤 아이에게 동생이 생겼다. 엄마는 동생을 보느라 큰아이에게 신경을 예전보다 덜 쓰게 되었다. 큰아이는 엄마의 관심을 끄는 갖가지 시도를 해봤으나 엄마는 여전히 갓난아이를 보느라 정신이 없었다. 어느 날, 큰아이가 배가 아프다고 밥도 안 먹고 누워 있었다. 그때야 비로소 엄마는 “어디가 아프니? 약을 줄까? 뭐 해줄까?”라고 안쓰러워하면서 관심을 보였다. 이런 엄마의 반응은 아이의 심리적인 복통을 점점 더 악화시킨다. 평소에는 관심을 안 보이다가 아이가 배가 아프다고 할 때만 엄마가 관심을 보여주기 때문이다. 아이의 복통을 없애려면 아파하지 않을 때도 지속적인 관심을 쏟아야 한다.

부정적인 행동은 눈감아 주고 긍정적인 행동은 칭찬으로 강화시키는 행동수정법이 있다. 아이가 한 행동에 대해 칭찬하면 할수록 그 행동은 더 강화된다. 마찬가지로 아이가 한 어떤 행동에 대해 잔소리를 하면 할수록 그 행동도 역시 강화될 수 있다. 이것은 부모의 ‘관심효과’이다. 부모가 어떤 행동에 관심을 두면 둘수록 그 행동은 점점 더 강화되는 것이다.

부모가 단순히 아이를 기쁘게 해주려고 격려하는 것은 아니다. 아이에게 좋은 발전의 싹을 틔워주려는 것이다. 어떤 행동을 계속하게 하려면, 아이에게 좋은 반응을 보여줘야 한다. 그러면 그 행동은 좋은 습관으로 강화된다. 반대로, 어떤 행동을 그만두게 하려면 아이에게 무관심의 반응을 보여줘야 한다. 잔소리로 관심을 가지면 그 행동도 아이의 뇌리 속에 자신의 습관으로 각인될 수 있다. 잔소리보다 냉정한 것은 부모의 무관심이다. 무관심과 침묵은 아이가 그 행동에 흥미를 잃도록 도와준다.

작은딸아이가 화를 내며 물건을 던졌다. 그런데 내가 무관심과 침묵을 지켰더니 "엄마! 왜 화를 안 내세요?"라고 하는 것이었다. 내가 화를 내야 아이는 그런 행동에 흥미를 갖고 더 하게 되는 것이다. 아이는 물건을 던져서 엄마의 '화'라는 반응이 나오도록 감정스위치를 눌렀다. 그런데 스위치가 고장 났는지 여러 번 눌러도 '화'라는 반응이 안 나오면 아이는 더 이상 엄마의 감정스위치를 누르지 않는다.

싸우는 아이들에게 부모가 매일같이 잔소리를 하면 아이들에게 '싸움'이라는 상황이 깊게 각인될 뿐이다. 아이들이 계속 싸우는 것은 아니다. 밥 먹을 때나 TV 볼 때, 잠자리에서는 안 싸운다. 이런 순간에는 아이들이 사이좋게 지내서 기쁘다고 부모가 칭찬으로 거듭 강조하다 보면, 아이들은 '평화'라는 상황을 새삼 느끼며 이런 점에 자기 동일화를 시키게 된다.

부모가 관심을 가지는 아이의 행동이 강화된다는 원리는 칭찬과 꾸중, 모두에 적용되는 것이다. 그러니 부모가 부정적인 행동에만 신경을 쓰면서 맞추었던 초점을 긍정적인 행동으로 전환시킬 필요가 있다.

작은딸은 한여름에 집에서 속옷을 벗은 채로 돌아다니길 좋아했다. 아빠는 회초리를 들고 쫓아다니면서 팬티 입으라고 다그쳤지만, 그래도 고집이 센 작은딸은 행동수정이 안되었다. 나는 아이가 집에서 옷을 입고 있으면 그 틈을 타서 이렇게 칭찬하며 쓰다듬어 주었다.

"어머 우리 딸! 옷을 입고 있네. 팬티를 안 벗었네. 아이고 예뻐라."

아이도 갖가지 도전을 통해 잠재능력을 발휘하고 싶어 한다.

아이도 행복한 삶을 살도록 성장하고 싶은 자아실현의 욕구를 갖고 있다. 이 욕구가 성취되는 것은 자아상에 의해 크게 좌우된다. 부모의 칭찬을 들으면 아이는 "나는 정말 괜찮은 사람이야!"라고 생각하면서 긍정적인 자아상이 형성된다. 하지만 부모의 꾸중과 비난을 들으면서 성장하면 '나는 형편없는 사람인가 봐.'라고 자책하면서 부정적인 자아상이 만들어진다. 긍정적인 자아상은 아이가 자아를 실현하고 성장시키는데 밑거름이 된다. 칭찬은 아이에게 긍정적인 자아상을 형성시키고 거기에 적합한 습관을 만들도록 도와준다.

잠자리에서 그 날 아이들이 했던 긍정적인 행동을 되새겨 주면 아이들은"난 참 멋진 아이야"라고 긍정적인 자아상을 품으며 행복하게 잠든다.

"네가 아까 목욕탕에서 동생에게 핑크수건을 양보해 주는 모습을 보면서 참 기분이 좋았단다. 그렇게 배려해 주는 마음씨를 네가 가져서 참 다행이야."

"아까 열심히 혼자서 책 읽는 모습을 보고 엄마는 참 흐뭇했단다. 점점 척척박사가 되어가는 우리 딸! 멋진 딸!"

"엄마는 네가 청소하는 것을 도와주었을 때 참 고마웠단다."

"엄마는 네가 오늘 울지 않고 잘 놀아 주어서 참 기분이 좋단다."

2 | 긍정적인 평가

아이를 평가할 때 부모들이 적용하는 기준은 다양하다.

부모가 적용하는 평가기준은 아이에게 그대로 전수되어서 아이의 인생에 큰 영향을 미치는 가치관이 된다. 평가기준에 따라서 아이들은 운명론자가 될 수도 있고, 운명개척론자가 될 수도 있다.

긍정적인 평가를 해주면 아이들의 자존감은 올라간다. 그러나 평가를 제대로 하지 않으면 아이들의 진정한 실력은 올라가지 못한다. 자존감은 높으나 실력을 갖추지 못한 아이는 자존심만 세질 수 있다. 자존감도 높고 실력을 갖춘 아이는 유능한 리더가 될 수 있다. 아이의 자존감을 높이려면 부모의 평가기준도 제대로 서 있어야 한다. 겉으로 보이는 잣대가 아니라 눈에 보이지 않는 잣대가 귀하고 높은 가치관이다.

과정중심과 결과중심

이왕이면 칭찬은 사람들이 듣는데서 하는 게 아이들의 자존감 향상에 좋다고 한다. 그래서인지 병원에 오는 부모들은 나에게 자식자랑을 자주 한다. 그런 자랑들을 살펴보면 "우리 아들이 올백을 맞았어요." "반장을 해요." "우등상 탔어요." 이렇듯 대부분이 결과에 대한 칭찬이다. 결과칭찬을 해줘야 듣는 사람의 반응은 더 커지기 때문에 그럴 수 있다. 그러나 아이들의 자존감을 상승시키려는 목적으로 '청중효과' 를 맛보려고 한다면 과정에 대한 칭찬을 하는 게 훨씬 더 효과적이다. 그래야 아이는 부모가 결과보다는 과정을 더 중요하게 여기고 다른 어른도 그럴 것이라고 생각한다. 그리고 다음에는 더 열심히 노력해야겠다는 결심도 한다. 다음은 과정칭찬의 예이다.

"우리 아들이 이번 중간고사 때 밤 12시까지 공부했어요."

"비록 반장은 떨어졌지만 반장이 되려고 사전계획을 얼마나 치밀하게 했는지 제가 깜짝 놀랐어요."

"우리 아이는 비록 상은 못 탔지만 그림을 하루 종일 그렸답니다."

부모가 아이에게 "이기고 지는 것은 중요하지 않아. 어떤 경기를 했느냐가 중요한 거야."라고 말하면서 다른 사람들에게는"우리 아이가 이겼다!" 또는 "우리 아이가 졌다!"라고 결과에 대해서만 평가한다고 하자. 아이가 그런 말을 들으면 '우리 엄마가 나한테 거짓말을 한 것이구나.'라고 생각하게 된다. 결과보다는 과정을 중요시한다는 것을 부모의 삶으로 보여주는 게 중요하다. 결과가 좋지 않더라도 과정 자체에 만족하란 뜻은 결과에 상관없이 과정에 감사하라는 뜻이다. 부모부터 결과에 상관없이 과정에 감사하는 태도가 몸에 배지 않는다면, 아이들에게 과정중심의 가치기준을 가르쳐줄 수 없다.

"네가 이번에 시험에 떨어져도 엄마는 감사한 마음을 가질 거야. 그동안 열심히 노력했잖니."

이처럼 감사가 생활에 익숙한 부모 밑에서 자라는 아이들에게는 과정중심의 평가기준이 그대로 전수된다.

결과칭찬은 아이들에게 좋은 결과를 위하여 속임수를 써도 된다고 가르칠 수 있는 위험한 칭찬이다. 결과칭찬을 받는 아이는 혹시 실패할지 모른다는 두려움이 커져서 새로운 일에 도전하려는 용기가 점점 약해진다. 반면에, 과정칭찬은 결과와 상관없이 아이에게 끝없이 도전하려는 성취동기를 강화시켜준다. 과정칭찬을 많이 받는 아이는 실패에 대한 면역력이 커지고 내면의 힘이 점점 더 강해진다.

노력중심과 재능중심

두 번째 평가기준은 노력중심과 재능중심이다.

재능은 타고나는 것이라서 부모가 칭찬해 준다고 바뀌지 않는다. 따라서 재능칭찬은 아이를 운명론자로 만들 수 있다. 반면에 노력은 칭찬하면 할수록 더 많은 노력을 하도록 아이를 자극시키기 때문에 노력칭찬은 아이를 운명개척론자로 만든다.

딸에게 재능보다는 노력이 더 중요하다는 것을 보여줄 수 있는 좋은 기회가 있었다. 아이가 다니는 유치원에는 레고보다 더 작은 조립품을 나사로 조여가면서 각종 동물 로봇을 만드는 수업이 있다. 아이는 그 로봇수업을 힘들어해서 로봇수업이 있는 화요일마다 유치원에 가기 싫다고 했다. 나는 그냥 흘려들었는데 어느 날 일이 터지고 말았다. 코뿔소를 만드는 시간이었는데 딸은 너무 힘들었던지 중도에 포기하고 나사를 다 풀어 버렸다. 그리고는 선생님한테 다 만든 후에 해체했다고 거짓말을 했다. 당연히 선생님한테 혼이 났고, 그 결과 아이는 로봇 시간을 이전보다 훨씬 더 싫어하게 되었다. 나는 로봇 조립품을 추가로 사와서 딸에게 이렇게 말했다.

나 … 얘야! 너는 로봇 만들기를 못한다고 생각하는 거니?

딸 … 엉! 난 다른 아이들보다 못해.

나 … 노력도 안 해보고 못한다고 생각하기에는 아직 이르단다. 집에서 로봇을 만드는 노력을 열심히 해보자. 엄마도 수학을 못한다고 생각했는데 방학 때 열심히 노력했더니 수학성적이 쑥쑥 오르더라. 그 후로 엄마는 수학을 잘한다고 생각하게 되었어. 너는 지금 로봇을 못 만든다고 생각하지만 열심히 노력을 해서 잘하게 되면 엄마처럼 생각이 바뀌게 될 거야. 그래서 자신감이 붙으면 너도 로봇 만들기를 잘한다고 생각하게 될 거야.

집에서 먼저 로봇을 한번 만들어보고 로봇수업을 받은 후부터 딸은 자신감을 찾았고, 화요일 수업시간을 기다리게 되었다. 로봇수업을 좋아하게 된 것이다. 노력 앞에 장사 없다는 말이 맞다.

노력칭찬과 재능칭찬에 대한 실험이 있다.

미국 스탠퍼드대 캐롤 드웩 교수 연구팀은 초등학교 5학년 학생 수백명을 대상으로 '좋은 칭찬'과 '나쁜 칭찬'에 대한 실험을 했는데, 학생들을 A, B 두 집단으로 나누어 네 차례에 걸쳐서 실험을 진행했다.

첫 번째 실험은 두 집단의 학생 모두에게 조금 어려운 문제 10개를 풀도록 했다. 학생들은 대부분 좋은 점수를 받았다. 연구팀은 두 집단의 학생들에게 각각 다른 방법으로 칭찬을 했다. A집단에게는 "무척 똑똑하구나." "머리가 좋구나."라는 식으로 타고난 재능을 칭찬하는 지능 칭찬을 했다. B집단에게는"열심히 공부하는구나." "노력을 정말 많이 하는구나."라는 식으로 칭찬을 했다. 두 집단의 첫 실험결과는 정확히 똑같았다.

두 번째 실험에서는 두 집단 학생들에게 처음 수준의 문제와 더 어려운 문제 중에서 하나를 선택하도록 했다. 놀라운 차이가 나타났다. 지능칭찬을 받은 A집단은 대부분 쉬운 문제를 선택했다. 자신들의 좋은 지능에 의문을 제기할 수 있는 위험이 뒤따르는 어려운 문제를 선택하지 않은 것이다. 그러나 노력을 칭찬받은 B집단의 90%는 더 많은 노력을 투자할 수 있도록 어려운 문제를 선택했다. A집단과 정반대 선택을 한 것이다.

세 번째 실험은 두 집단 모두에게 매우 어려운 문제를 출제했다. 지능 칭찬을 받은 학생들은 어려운 문제를 풀다가 곧 포기해 버렸다. 그러나 노력을 칭찬받은 학생들은 힘들어하면서도 문제를 푸는 과정을 즐겼다. 지능칭찬을 받는 학생들에 비해 훨씬 뛰어난 자기조절능력을 보여준 것이다.

네 번째 실험은 두 집단에게 처음 수준의 시험을 다시 보게 했다. 지능칭찬을 받은 A집단은 첫 시험보다 20%정도 성적이 내려갔고, 노력을 칭찬받은 B집단은 30%정도 성적이 올라갔다.

실험을 마친 후에 학생들에게 참고자료로 사용하기 위해서 실험평가서를 작성하도록 했는데 충격적인 결과가 나타났다. 자기 점수를 기록하는 난이 있었는데 지능칭찬을 받은 학생들의 40%가 자기 점수에 대해서 거짓으로 기록했다. 지능칭찬은 학생들에게 '너의 두뇌는 매우 명석하다.' 라는 판단으로 아이들의 변화 가능성을 닫아 버렸다. 학생들은 자신의 평판을 지키기 위해 자기 점수를 거짓으로 높게 기록한 것이다. 드웩 교수는 실험결과에 대해 이렇게 말한다. "평범한 아이들에게 똑똑하다는 말만 해도 아이들을 거짓말쟁이로 만들 수 있다. 아이들에게 똑똑하다고 칭찬할 때는 세심한 주의가 요구된다."

강점중심과 외모중심

세 번째 평가기준은 강점중심과 외모중심이다.

내가 칭찬하면서 자주 하는 실수 중의 하나가 외모칭찬을 자꾸 한다는 것이다. 안 하려고 해도 "우리 딸은 어쩌면 이렇게 예쁠까?"라는 말이 튀어나온다. 그렇게 하는 대신 "우리 딸은 어쩌면 이렇게 마음이 예쁠까?"라고 해야 되는데 말이다.

외모칭찬은 유아기 때는 먹힐지라도 초등학생만 되도 효과가 없다. 자기가 제일 예쁜 줄 알았는데 알고 보니 부모님한테 속았다고 생각할 수 있고, 아니면 학교에서 정말 예쁜 척하다가 공주병 환자라고 놀림을 당할 수도 있다. 외모칭찬은 딸의 허영심을 키우거나 딸의 부모에 대한 불신감을 키울 수 있다.

타고난 외모는 칭찬의 대상이 아니다. 칭찬한다고 아이의 외모가 나아질 수 없으며, 그런 칭찬은 아이의 성장에 결코 유익하지 않다. 아이의 기를 진정 살려주고 싶다면 아이의 강점을 칭찬해야 한다. 칭찬받을수록 강점은 강화되고 발전되며, 또한 강점은 도덕적 특성을 지니고 있고 좋은 성품과 연결된다. 꾸준히 노력한다면 강점은 얼마든지 습득하고 계발시킬 수 있다.

칭찬해 주면 좋을 아이의 대표적인 강점 25가지를 소개한다.

25가지 강점

1. **창의성:** 새로운 것을 생각해내고 행동하는 특성이 강하다.
2. **상상력:** 실제로 경험하지 않은 현상이나 사물에 대해 마음속으로 그려 보는 능력이 뛰어나다.
3. **호기심:** 새롭고 신기한 것을 좋아한다.
4. **학구열:** 배우려는 열정이 많다.
5. **판단력:** 사물을 논리적으로 판단할 수 있는 능력이 높다.
6. **통찰력:** 사물이나 현상의 이면을 슬기롭게 파악하는 능력이 높다.
7. **지혜:** 사물의 도리나 선악을 잘 분별하고, 배운 지식을 자신과 남을 위해 유익하게 활용할 줄 안다.
8. **신중함:** 무슨 일을 할 때 깊이 생각하고 조심스럽게 결정한다.
9. **용감함:** 무섭거나 위험한 일이 닥쳐도 겁내지 않고 자신감이 있게 해결해나간다.
10. **정직함:** 어떠한 상황에서도 말과 행동을 솔직하게 표현한다.
11. **책임감:** 자신이 맡은 일은 약속대로 끝까지 잘 수행한다.
12. **인내심:** 괴로움, 어려움, 고통 등을 잘 참고 기다릴 줄 안다.
13. **절제:** 자신의 욕구를 스스로 조절할 줄 안다.
14. **성실성:** 무슨 일을 하든지 꼼꼼하고 정성스럽게 한다.
15. **감사함:** 어떤 상황에서든지 자신에게 유익했다는 점을 쉽게 인정하고 불평하지 않는다.

16.긍정적 태도: 어떤 상황에서도 기분이 좋아지는 생각과 언행을 선택한다.
17.겸손함: 남을 존중하고 자신을 내세우지 않는다.
18.온유함: 화를 잘 안 내고 자신의 감정을 잘 참으며 부드럽다.
19.경청: 상대방의 말과 행동을 주의 깊게 집중하여 잘 듣고 존중해준다.
20.배려심: 다른 사람에게 관심을 갖고 세심하게 관찰하며 보살펴 준다.
21.사회성: 대인관계를 잘 해서 친구가 많다.
22.리더십: 친구들끼리 갈등이 생기면 앞장서서 잘 해결한다.
23.유머감각: 주변 사람들을 즐겁게 하고 잘 웃긴다.
24.친절: 사람들을 대하는 태도가 정겹고 배려심이 많다.
25.동정심: 나약하고 어려운 사람들을 보면 불쌍히 여기고 잘 도와준다.

강점 25가지를 적은 메모지를 냉장고에 붙여놓고 틈나는 대로 읽어 보자. 그리고 아이한테서 25가지 강점 중에 한 가지라도 발견이 되면 곧바로 칭찬을 한다. 그렇게 하면 그 강점은 점점 더 강화되어 아이의 인생에 지대한 영향력을 미칠 것이다. 부모가 겉으로 보이는 외모 대신 보이지 않는 강점을 자주 칭찬해 주면 아이는 보이는 것보다 보이지 않는 것이 더 소중하다는 가치관을 갖게 된다.

예전 모습과 비교하기와 다른 아이들과 비교하기

네 번째 평가기준은 비교중심이다. 예전 모습과 비교하기와 다른 아이들과 비교하기로 나누어 설명할 수 있다.

부모들은 다른 아이들과 비교하면 안된다는 것을 알면서도 이런 실수를 흔히 저지르게 된다. 남들보다 잘하면 칭찬하고 남들보다 못하면 꾸중한다. 아이는 하다 보면 게임에서 질 수 있고, 경쟁에서 탈락될 수 있고, 반장선거에서 떨어질 수도 있다. 세상에는 내 아이보다 잘난 아이가 수두룩하게 많기 때문에 경쟁에서 내 아이가 얼마든지 질 수 있는 것이다.

잘난 아이와 비교당하고, 그 아이한테 지면 우리 아이는 자존심이 상할 뿐 아니라 자존감까지 떨어진다. 잘난 아이와 비교당하며 자라는 아이는 자존감이 성장할 수 없다. 아이의 자존감을 낮추고 싶으면 자기 아이를 잘난 다른 아이들과 비교하면 된다. 다른 아이와 비교하면서 칭찬하면 아이의 자존심만 강해지지 자존감은 성장하지 않는다. 아이는 자존심을 지키기 위해서 자기 자신보다는 다른 사람을 더 신경 쓰게 된다. 친구는 어느 학원에 다니는지, 공부를 얼마큼 하는지 신경 쓰다가 정작 자신의 일에 대한 집중력과 주의력까지 떨어지게 된다.

자존감을 높이려면 아이를 예전 모습과 비교하며 칭찬해야 한다.

"이제 혼자서 소변을 볼 수 있네. 작년만 해도 못했는데."

"이제야 정리정돈 하는 습관이 조금씩 생기는구나. 저번 주만 해도 어지르기 대장이더니."

"예전에는 수줍음을 많이 타더니 이젠 어른들에게도 인사도 잘 하네."

"저번에는 3등이었는데 이번에는 1등을 하다니 정말 잘했어."

이렇게 아이의 과거와 현재를 비교하여 칭찬하면 아이는 성장하고 발전하고 있는 자신의 모습을 보면서 "난 역시 대단해!" 하면서 자존감이 상승된다. 이와 대조적으로 "맨날 1등을 하던 친구를 누르고 이번에는 네가 1등을 하다니 정말 대단한 걸."이라고 타인과 비교하여 칭찬하면 아이에게 남을 항상 이겨야한다는 경쟁심리를 부추기게 되고, 자존감을 상승시켜 주는 대신 헛된 자존심만 키워준다.

3 | 인정하는 칭찬

아이를 인정한다는 것은 긍정적으로 평가해 주는 것과 다르다. 인정칭찬이란 아이의 언행을 보면서 느끼는 부모의 감정과 바람을 드러내주면서 칭찬하는 것이다.

긍정적인 평가는 "너는 ~하다."라고 하면서 아이의 입장에서 평가하고 판단하는 너 전달식 칭찬이지만 인정칭찬은 "엄마는 ~을 원했는데, 네가 이렇게 해주어서 고맙구나."라면서 엄마의 입장에서 아이를 인정해 주는 나 전달식 칭찬이다.

"엄마는 몸이 피곤해서 좀 쉬고 싶었는데 네가 설거지를 도와주어서 좀 쉴 수가 있었네. 그래서 네가 참 고맙구나."

이 표현을 분석해 보면 부모의 바람은 쉬고 싶었는데 아이의 행동인 설거지로 인하여 필요한 요소가 채워졌고, 이로 인하여 부모의 감정은 딸에게 고마움을 느낀다는 것이다.

인정칭찬은 부모가 아이의 선한 행위 덕분에 부족한 요소가 충족되어서 고맙다고 말한다. 이는 선한 행위를 추구하려는 아이의 욕구를 일깨워주는 효과가 있다. 아이가 부모로부터 칭찬받기 위해 선행을 한 것이라면 이것은 외부의 힘이 강하게 작용한 것이다. 반면에 기쁨과 보람이라는 긍정정서를 불러일으키기 위하여 아이가 선행을 했다면, 이것은 내면의 힘이 강하게 작용한 것이다.

인정칭찬은 선한 행위를 향한 내면의 힘을 길러준다. 아이가 사춘기가 되면 더 이상 아이의 목적은 부모를 만족시키는 게 아니며, 스스로의 만족감을 더 중요하게 생각한다. 인정칭찬을 많이 해줄수록 아이는 다른 사람의 의견보다 스스로의 의견을 중요시하게 된다.

인정칭찬은 다음의 3단계 과정을 거치게 된다

1단계-부모의 바람

2단계-아이의 언행

3단계-부모의 감정

다음의 예문을 3단계 과정을 적용해서 바꿔보자. 여러분이 실제로 해보면 인정칭찬의 3단계 과정을 실천하기는 좀 어려울 수 있다. 따라서 반복적인 노력이 필요하다.

형제들이 사이좋게 잘 놀고 있다.

→

예) 엄마는 너희들이 사이좋게 놀기를 원했는데(엄마의 바람) 너희가 재밌게 잘 놀고 있는 걸 보니(아이의 행동) 엄마는 정말 행복하구나. (엄마의 감정)

아이가 아침에 책을 스스로 읽고 있다.

예) 엄마는 네게 아침에 책 읽는 습관이 생기길 원했는데(엄마의 바람) 아침에 일어나자마자 책을 보고 있으니(아이의 행동) 참 뿌듯하구나. (엄마의 감정)

아이가 그네를 혼자서도 잘 탄다.

예) 엄마는 네가 용기 있는 사람이 되기를 바랐는데(엄마의 바람) 그네를 혼자서도 잘 타는 것을 보니(아이의 행동) 네가 참 대견스럽구나. (엄마의 감정)

공감대화 • 6단계

안된다고 말하라

아이에게 자신의 욕구를 참도록 가르치는 것은 자기조절력을
성장시키는 기회이자 성공을 위한 인생설계의 과정이다.
정해진 규칙을 어기면 어떤 결과가 나오는지 깨달으면서 아이들은 자란다.

아이의 행동에는 울타리를 치는 것과 같은 규칙이 필요하다.

울타리 안에 있는 양떼는 질서를 지키며 평화롭게 지낸다. 하지만 울타리를 벗어나 넓은 초원에 풀어놓은 양들은 이리저리 뛰어다닌다. 자유로워 보이지만 곳곳에 위험요소가 도사리고 있어서 불안하다.

마찬가지로 규제 안에 있는 아이들은 도덕적, 정서적, 신체적으로 안락함을 느끼며 평안해 한다. 하지만 규제를 벗어나 자유와 방임 속에 놓인 아이들은 무절제 속에 불안해하며 방황한다. 한계를 정해야 안정감이 생긴다. 한계를 설정하려면 울타리 같은 규칙들이 필요하다. 정해진 규칙을 어기면 어떤 결과가 나오는지 깨달으면서 아이들은 자란다.

우리 아이들은 연년생이라서 머리띠, 신발, 예쁜 옷 등을 서로 가지려고 자주 다툰다. 공감대화로 서로의 다툼을 조정하고 한쪽이 양보하도록 유도하지만 너무 자주 다투다보면 그것도 한계를 느낀다. 그래서 둘이 싸우는 물건은 엄마가 무조건 압수한다는 규칙을 만들었다.

한번은 머리띠를 놓고 서로 가지려고 싸우기에 머리띠를 압수해 버렸다. 언니는 금방 포기하고 받아들였지만 동생은 한참 동안 울었다. 그렇게 30분이 흐르자 언니가 "엄마, 전 머리띠 안 할래요. 동생한테 주세요."그러는 것이다. 이처럼 서로 차지하려고 다투면 그 물건을 압수한다는 규칙 앞에서 아이들은 아웅다웅 싸우다가도 안정감을 되찾고 다시 평안해진다. 무질서하게 날뛰는 아이들을 규칙으로 규제해 줄 필요성이 있는 것이다.

규칙은 아이들의 자기조절능력을 성장시킨다. 이러한 능력을 길러주는 것은 분명한 규칙을 일관성 있게 반복적으로 되풀이하는 부모의 인내심에 달려 있다. 같은 규칙을 수도 없이 반복해야 아이들은 규칙에 대해서 조금씩 깨달아간다. 아이는 끊임없이 부모를 테스트하려고 한다. 꾸준한 규칙을 백 번 이상 반복해야 아이들의 행동이 조금씩 수정된다.

아이에게 자기조절력을 키워줄 수 있는 7단계 대화법 중에서 '부탁하기'는 아이의 자율성과 선택권을 존중해 준다. 아이가 부모의 부탁에 '아니오.'라고 거절하더라도 그 뜻에 부모가 공감해 주는 것으로,. 이는 수평적인 관계이다. 반면에 '규제하기'는 아이에게 부모의 뜻을 단호하게 강요하는 것이다. 아이를 규제하려면 이와 같은 부모의 권위가 필요하며, 이는 수직적인 관계이다.

부모의 권위가 어떤 모습을 하는 게 효과적인지 가늠해 보기 위해 다음의 사례를 소개한다.

세 돌이 지난 셋째아이가 진료실에서 너무 버릇없이 굴자 아이의 어머니는 더 늦기 전에 아이를 바로 잡아야겠다는 말을 했다. 그래서 내가 "아이를 어떻게 잡으실 건데요?"라고 물어보았다. 아이 어머니는 화를 내고 벌을 세워도 아이가 엄마 말을 안 듣고 우습게 여긴다는 것이었다. 어떻게 잡아야 할지는 자기도 잘 모르겠다며 난감하다고 했다. "그럼 때려서 아이의 버릇을 잡으실 건가요?"라고 묻자 아이 어머니는 그래야 하지 않겠냐고 대답했다.

사실 그 어머니는 아이가 셋이라서 양육 스트레스가 많았다. 쉴 새 없이 돌아가는 집안일에 지쳐서 아이들에게 짜증과 신경질을 자주 부린다고 했다. 그 어머니의 본래 심성은 착하고 순했다. 이 가정의 문제는 어머니의 권위가 무너진 것이 문제이지 아이가 버릇없이 군다는 것이 문제는 아니라고 나는 생각했다. 세 돌 지난 아이는 당연히 그럴 수 있기 때문이다. 매일같이 화를 내는 어머니는 아이들에게 그 약발이 떨어진다. 이것이 어머니들이 체벌을 하는 이유이다. 무너진 어머니의 권위를 세워주는 것은 바로 '매'라고 생각하기 때문이다. 매로 세워진 어머니의 권위는 아이에게 사람의 눈치를 보는 능력만 키워줄 뿐이다. 아이가 자신의 잘못을 진정으로 반성하지는 않는다. 체벌은 부모에게 반항심을 키우게 하고 아이의 자립심과 생활력을 키우는 내면의 힘을 쪼그라트린다.

부모의 권위를 세워주는 것은 엄격함이 아니고, '화'나 '매'를 드는 것도 아니다. 그 비결은 바로 부모의 '양면성'에 있다. 부모는 동전 같은 양면성을 갖추고 있어야 권위가 생긴다. 부드러운 면과 단호한 면을 동시에 갖고 있으면서 단호한 면을 부드러운 면보다 조금 드물게 보여주는 것이 부모의 권위를 견고하게 세우는데 도움이 된다. 아이에게 "안돼!"를 남발하다가 그런 상황을 용인하는 일들이 되풀이되면 부모의 권위는 점점 떨어질 수밖에 없다. 부모의 권위를 세워주는 양면성 원리는 다음과 같다.

첫째, 부모는 아이의 의견을 존중하는 모습과 함께, 규제할 때는 엄격한 모습을 동시에 갖춘다. 이때 엄격함이 아니라 아이를 존중해 주는 것이 부모의 주된 모습이 되도록 한다.

둘째, 부모는 아이의 결정을 존중해 주는 '부탁하기' 언어습관과 함께 부모의 뜻을 엄하게 관철시키는 '안된다고 말하기' 언어습관을 동시에 갖춘다. 이때 '안된다고 말하기'보다는 '부탁하기'가 부모의 주된 언어습관이 되도록 한다.

셋째, 아이를 규제할 때는 단호함과 함께 아이가 받을 불편한 감정을 어루만져 주는 따뜻함을 동시에 갖춰야 한다. 이때 따뜻함보다 단호함이 부모의 주된 모습이어야 한다. 규제할 때 부모가 수용적이고 너무 부드럽게 보이면 자칫 아이가 부모의 권위를 우습게 여길 수 있다.

아이를 규제할 때는 3보 전진 2보 후퇴하는 작전이 효과적이다.

"안돼!"라고 했다가도 떼쓰는 아이를 보고는 요구사항을 들어주는 경우도 있다. 하지만 뒤처리를 마무리하지 못하고 도로 거둬들이는 "안돼!"는 하지 않은 것보다 못하며, 아이가 자신의 뜻을 관철시키려고 떼쓰는 행동양태를 강화시킬 뿐이다. 이를 막으려면 아이에게 부모의 규제에 억울하다는 생각이 들지 않도록 부정적인 감정을 코칭해 주고 대안책을 마련해 주는 게 좋다.

아이가 부모의 단호함에 순종함으로써 3보 전진했다면, 부모가 감정코칭을 해주고 대안책을 마련해 줌으로써 2보 후퇴하는 방법을 쓰는 것이다. 그래도 1보는 전진한 셈이다.

3보 전진하는 방법으로는 '안돼!'라고 말하는 방법, 규칙을 미리 알려주기, 벌에 대한 위험신호 미리 울리기가 있다. 2보 후퇴하는 방법으로는 감정코칭하기, 대안책 마련하기가 있다.

1 | 안된다고 말하기

'하지 마'를 '해'로 바꿔서 말하는 것이다.

뇌는 '안된다'를 인식하는 것보다 '된다'를 더 잘 인식한다. 뇌는 '안된다'는 것을 거꾸로 '된다'는 것의 강조형으로 오인하기 쉽다. 뇌는 부정형을 상상하기 어렵기 때문이다. 아이들에게 커튼 앞에서 "커튼 뒤에 있는 귀신을 상상하지 마세요."라고 말하면 아이들의 뇌는 자연스레 커튼 뒤에 있는 귀신을 상상한다. 상상을 안 하려고 하면 할수록 더 상상하게 된다. "치마 입으면 안돼."라고 말하면 아이는 치마를 더 입고 싶은 반동심리가 솟는다. 강요 앞에서는 더 거꾸로 가고 싶어진다. 반면에 '안된다'를 '된다'로 바꿔서 "바지 입자."라고 말하면 아이는 부모의 뜻에 순종할 가능성이 높아진다.

부모가 부정어로 명령하면 아이도 부정어로 응답할 가능성이 높다. 반면에 부모가 긍정어로 명령하면 아이의 응답도 긍정일 가능성이 높다. 부정은 불순종을 낳고, 긍정은 순종을 낳는다. 하지만 아이의 행동을 중단시켜야 하는 긴박한 상황에서는 아이에게 "안돼!"가 먼저 튀어나오지 이것을 긍정형으로 전환시켜서 말하기는 정말 어렵다. 나의 뇌 속에 형성된 부정형의 명령어회로는 어릴 적부터 40년 넘게 굳어진 언어회로이다. 부모님은 내가 기어 다닐 때부터 부정형 명령어를 쭉 들려주셨다. 그러므로 부정형의 명령어회로가 무의식적으로 활성화되는 것을 막아 주는 억제회로가 새로 생기려면 수백 번의 시행착오가 필요하다.

마트에서 초콜릿을 사달라고 조르는 아이에게 "초콜릿은 안 돼! 이 썩어!"라는 말이 먼저 나오지 "대신에 맛있는 과일을 사먹자! 초콜릿은 이를 썩게 하잖니."라는 말이 먼저 나오기는 참으로 어렵다.

아이들이 뛰면 아래층에서 불만을 제기한다. 아이들이 뛸 때마다 "뛰지 마!"라는 부정형의 명령어가 대뜸 튀어나온다. 이때 내 표정을 보면 굳어 있다. 아이들도 내 표정 따라서 순간 얼굴이 굳어진다. 하지만 한 번 더 머리를 회전시켜서 "사뿐사뿐 걸어라!"라고 말하면 내 표정도 부드러워져 있고, 아이들도 미소를 지으며 사뿐사뿐 장난스럽게 걷는다.

다음은 '하지 마'를 '해' 형태로 전환시킨 경우이다.

떠들지 마. → 조용히 하거라.
사탕 먹지 마. → 밥 먹은 후에 사탕 먹자.
텔레비전 보지 마. → 평일에는 참고 주말에 재밌는 만화를 보자.
장난감은 이제 그만 사. → 집에 장난감이 넘치잖니. 이건 다음에 와서 사자.

'하지 마'보다 '해'가 더 효과 있음을 보여주는 일화가 있다.

작은아이(만3세)가 〈겨울왕국〉의 주인공이 그려진 옷을 매일 입으려고 했다. 옷이 더러워지면 그날 빨아서 그 다음날 입겠다고 우겼다. 하루는 겨울왕국 옷을 그 날 밤 미처 못 빨았는데 아이가 아침에 눈 뜨자마자 그 옷을 찾았다.

망이 … 엄마! 겨울왕국 옷 줘.

나 … 옷을 아직 안 빨았는데? 지금은 입을 수 없단다.

망이 … 싫어! 옷 입을 거야. 옷 주란 말이야.

나 … 아직 세탁기에 옷이 그대로 있다니까. 안돼! 오늘은 못 입어!(강한 부정형의 명령어가 불쑥 나옴)

망이 … 싫단 말이야. 옷 내놔! 옷 입을 거야.(저항이 더욱더 거세짐)

나 … (거부감을 일으킨 부정어였음을 깨닫고) 빨아서 오후에 다시 입자! 그때까지 좀 참으렴! (안돼를 단호한 권유형으로 바꿈) 바로 못 입어서 속상하겠지만 (감정을 읽어줌) 조금만 참으면 빨아서 향긋해진 겨울왕국 옷을 다시 입을 수 있어. 우리 딸이 얼마나 잘 참는데. 너는 참을 수 있어. (아이를 안고 엉덩이를 토닥거리면서 격려함)

망이 … (화난 얼굴이 좀 수그러짐)

'하지 마'와 함께 아이의 감정까지 눌러 버리면 반동심리로 아이의 응답이 '싫어'가 될 확률이 높아진다. 물론 억압하는 부모 앞에 아이는 순종할 수도 있다. 하지만 그것은 두려움과 강요로 인한 복종일 뿐이다. 그러면 아이가 감정조절을 학습할 기회를 잃어버리는 아까운 순간이다.

엄마가 겨울왕국 옷을 당장 입지 못한다고 했음에도 아이가 떼쓰는 모습은 감정에 휘둘리는 감정의 노예상태이다. 하지만 아이가 미리 옷을 빨지 못했던 엄마에게 화가 났음에도 순종하는 모습은 부정적 감정을 정복한 감정의 주인 상태이다.

아이에게 부정형의 강한 명령어를 사용하고 있음을 빨리 인식하고 단호한 권유형으로 전환하면 아이는 어리둥절해한다. 이때 아이의 속상한 마음까지 어루만져 주면 아이의 순종을 무난히 이끌어 낼 수 있다. 부모의 단호한 권유형에 이어 감정코칭형의 감성적인 언어가 들려오면 아이는 말을 듣고 싶어지는 맑은 동심을 가지고 있다.

아이에게 순종을 강요해야 할 때는 단호해야 한다.

"~하면 어떨까?""~해줄래?"처럼 부탁조로 아이에게 허락을 구하면 안 된다. 부탁조로 강요하면 아이는 혼란스러워 한다. 엄마가 부탁하는 표현을 쓰지만 사실은 강요를 한다고 거부감을 느끼게 된다. 그렇다고 "하지 마!"라는 부정어와 "해!""하라니까!""하라고 했잖아!" 처럼 강한 명령어를 쓰는 것도 반감을 일으키기는 마찬가지이다.

긍정형으로 전환시켜서 "~를 하자!""~를 하렴!""~을 하거라!"처럼 단호한 권유어를 쓸 것을 권한다. 아이를 규제하려면 아무래도 아이에게 명령하는 태도를 보이는 수밖에 없다. 비아냥거리거나 질책하는 투로 명령을 하면 듣는 아이는 기분이 상해서 순순히 명령을 따르려 하지 않는다.

아이로 하여금 순종하고 싶은 마음을 갖게 하려면 다음과 같은 방법을 쓰는 게 효과적이다.

첫째, 아이의 눈을 똑바로 쳐다보면서 말한다. 자세를 낮추고 아이의 시선을 맞추면서 말해야 부모의 권위가 세워진다. 눈은 마음의 창이므로 서로 눈만 마주쳐도 말을 주절주절 할 필요가 없다. 단호함을 더해주는 플러스 효과가 있다.

둘째, 화내거나 신경질을 부리지 말고 차분하고 낮은 목소리로 말한다. 소리를 질러서는 안된다. 화내면 아이는 부모의 뜻을 이해하고 싶은 사고의 문이 닫히고, 순간적으로 마음이 얼어 버린다.

많은 부모들이 아이가 울거나 화를 낼 때 덩달아 같이 화를 버럭 내면서 "조용히 해!""울지 마!"라고 감정적인 맞대응을 하는 것을 흔히 본다. 물론 나도 잘 그런다. 이 조항은 지키기가 결코 쉽지 않으니 부모들은 명심하고 또 명심해야 한다.

셋째, 지시를 할 때는 핵심적인 내용을 아이에게 단순하고 명확하게 전달해야 한다. 구구절절 늘어뜨리면 잔소리만 길어질 뿐이다. 부모의 긴 설명은 아이의 짜증만 늘게 한다. 규제할 때는 말을 아껴 써야 한다. 아이의 생각을 묻지도 말고 간결하고 쉬운 아이의 용어로 지시한다. 그래야 부모가 무엇을 요구하는지 아이가 핵심을 쉽게 파악한다.

넷째, 명령에 순종하면 어떤 이득이 있는지 아이에게 알려준다. 아이가 싫어하는 카드와 좋아하는 카드를 동시에 내미는 것이다. "네가 ~을 하면(싫은 것) 대신 ~를 해주겠다(좋은 것)."처럼 협상을 하는 것이다.

"네가 지금 목욕을 하러 가면 엄마가 물놀이를 하게 허락 해 줄 게."

"네가 지금 장난감 사고 싶은 것을 참아준다면 엄마가 집에 가서 맛있는 초콜릿을 줄 게."

침묵이 금이다.

부모의 규제에 아이가 반항하거나 말대꾸, 불평을 늘어놓을 때 일일이 대꾸해 줄 필요는 없다. 안되는 것은 안되는 것이지 더 이상 긴 설명은 필요 없다. 아이의 어설픈 논리에 부모는 일일이 따지고 싶을 것이나 그런 유혹에 넘어가지 않는 편이 좋다.

아이를 규제하려고 할 때는 아이보다 부모가 말이 더 많아지기 쉽다. 나는 안 그러는 줄 알았는데 나도 화가 나면 아이를 혼낼 때 쓸데없이 했던 말을 자꾸 반복하면서 아이의 기를 억누르려고 한다는 것을 알게 되었다. 아이를 규제할 때는 부모 스스로 자신을 되돌아볼 필요가 있다. 괜히 했던 말을 쓸데없이 반복하면서 아이에게 화풀이하고 있는 경우가 많기 때문이다.

아이의 말대꾸에 일일이 대응하는 대신 아이의 불평을 들어주는 것만으로도 규제의 효과는 커진다. 불평 늘어놓기는 아이가 자신의 감정을 조절하는 과정이기도 하다. 부모가 아이의 불평을 들어만 주어도 아이의 불만이 해소되는 효과가 있다. 부모의 조언이 따로 필요 없게 되는 것이다. 부모의 침묵이 때로는 아이에게 특효약이다.

아이를 규제할 때는 이 사실을 잊지 말자. 아이에게는 말하고 싶은 대로 말하게 하고, 부모는 대응하고 싶은 충동을 될 수 있는 한 자제하는 것이다. 부모보다 아이가 훨씬 더 많은 말을 하게 내버려두자.

2 | 규칙을 미리 알려주기

아이가 신나게 놀고 있는데 부모가 갑자기 나타나 놀이공간에 울타리를 둘러쳤다고 가정해 보자. 그러면 아이는 당황하여 어서 울타리를 치우라고 화를 낼 것이다. 그런데 처음부터 부모가 쳐놓은 울타리 안에서 아이에게 맘껏 놀라고 했다면 아이는 그럭저럭 순종하며 놀 가능성이 높다. 울타리 안에서 놀아야 한다는 가정 하에 놀이를 시작했기 때문에 울타리에 대한 거부감이 없을 것이기 때문이다.

마찬가지로 아이와 마트에 가기 전에 '마트에서 장난감을 이것저것 사달라고 떼쓰지 말고 한 개만 고르기'라는 규칙을 먼저 정하고 가는 것과 정하지 않고 가는 것은 결과가 달라질 수 있다.

이처럼 아이가 규칙에 대해 미리 알고 있다면 규제하기가 수월해진다.

부모가 아이에게 기대하는 바가 무엇인지 미리 말해주면 아이가 그것에 대비해 마음의 준비를 할 수 있다. 예를 들어서 아이에게 텔레비전을 그만 보게 할 때도 갑자기 부모 마음대로 TV를 꺼버리면 아이의 반감을 사게 된다. "이것만 보고 텔레비전은 그만 보는 거다."라고 경고를 미리 해놓으면 아이는 마음의 준비를 하면서 마지막 만화를 보게 될 것이다.

아이가 목욕탕에서 물놀이를 너무 오래 하려고 하면 목욕탕에 들어가기 전부터 미리 말해 둔다. "물놀이는 10분만 하고 나오는 거야." 라고 하면서 자명종이나 타이머를 목욕탕에 갖다놓고 10분이 지나면 울리게 한다. 그래도 아이가 떼를 부린다면 "그럼 5분만 늘려주겠다.

이번이 마지막이다. 또 우기면 그때는 엄마도 더 이상 못 참는다."라고 앞으로 있을 일을 미리 경고해 주는 것이다.

30분만 놀기로 하고 놀이터에 갈 때도 타이머를 가지고 가는 게 좋다. 30분이 지나면 타이머가 울린다. 타이머가 부모 대신에 아이가 불평을 하건 말건 알아서 기계적인 잔소리를 해주는 것이다. 아이의 초점은 타이머의 울림이지 부모의 잔소리가 아니다. 타이머나 자명종은 아이들이 시간개념을 갖고 계획성 있는 삶을 살도록 일깨워주는 아주 좋은 시간 선생님이다.

규칙을 어기면 어떤 벌이 있을지도 아이가 예측하고 있도록 한다.

아이가 버릇이 없다고 부모가 갑자기 체벌을 하면 아이는 맞으면서 억울해한다. 부모가 때릴 것이라는 경고를 안했기 때문이다. 그렇게 행동을 하면 부모가 때리겠다고 경고를 했음에도 아이가 맞았다면 그렇게 억울해하지는 않을 것이다. 아이는 맞을 각오를 하고 그런 행동을 했기 때문이다.

아이의 행동을 규제할 때 부모가 그때그때 기분에 따라 대응하면 안된다. 부모 또한 아이와 함께 만든 규칙을 지키면서 아이를 규제해야 한다. 아이에게만 일방적으로 규칙을 강요해서는 안된다. 부모도 가정의 규칙 하에 자신의 행동을 규제해야 한다. 그래야 아이는 부모의 반응을 예측할 수 있고 아이의 자기조절능력이 부모에 따라서 성장한다. 부모의 감정을 규제하는 규칙이 곧 아이의 행동을 규제하는 규칙과 상통한다.

나는 자신의 감정을 규제하는데 다음과 같은 규칙을 갖고 있다.

첫째, 화난다고 아이에게 버럭 화내거나 소리 지르지 않는다.
둘째, 아이들 앞에서 긍정적인 단어와 공손한 단어를 쓰도록 노력한다.
셋째, 아이들이 보는 앞에서 부부싸움을 하지 않는다.
넷째, 아빠가 집안의 대장이니 아이들 앞에서 아빠의 체면을 높여준다.

나부터 이 규칙들을 잘 지켜야 아이들을 규제할 수 있는 진정한 권위가 내게 생긴다고 생각한다.

3 | 위험신호 미리 울리기

벌을 주는 목적은 아이를 겁주기 위해서가 아니라 아이가 무엇을 잘못했는지 깨닫게 해주는데 있다.

나는 아이가 잘못된 행동을 계속할 때 방 한쪽 구석에 가만히 앉아 있도록 하거나 손들기를 시킨다. 왜 벌을 받는지 그 이유를 아이가 분명하게 깨닫게 하는데 소리 지르기와 체벌은 효과적이지 않다. 그로 인해 생기는 공포, 두려움, 억울함 등의 격한 감정은 오히려 아이들이 잘못을 깨닫는 과정을 방해하고, 눈치 보는 습관만 키울 뿐이다. 아이를 격리시켜 자신이 무엇을 잘못했는지 조용히 생각하도록 만드는 게 더 바람직하다.

격리시간은 나이에 따라 달라지는데 두 살은 2분, 세 살은 3분, 네 살은 4분, 다섯 살은 5분 정도로 나이와 같은 시간으로 정하면 된다. 하지만 아이들이 이 짧은 몇 분 동안에 스스로 잘못을 깨닫는 것은 결코 쉽지 않다. 감정이 격앙된 아이를 몇 분 정도 격리시간을 갖게 한 다음, 진정기미가 보이면 그때 가서 따뜻한 대화법을 통해서 아이가 무엇을 잘못했는지 깨닫도록 도와주는데 더 큰 의미가 있다. 아이들은 결코 벌을 받아서 자신의 잘못을 깨닫지 않는다는 것을 나는 체험을 통해 알고 있다. 반성하는 길을 가르쳐주는 방법은 대화법에 있다.

아이에게 벌을 줄 때는 주의해야 할 사항이 있다.

쥐들에게 전기충격을 가하기 전에 시끄러운 음악소리를 1분 동안 들려줌으로써 경고음을 보냈다. 이 음악소리 뒤에는 반드시 전기충격이라는 위험한 일이 뒤따르게 했고, 음악소리가 들리지 않을 때는 전기충격을 가하지 않았다. 음악소리를 들은 쥐는 두려워하는 행동을 보였고, 음악소리가 들리지 않을 때는 편안하게 활동했다.

위험신호가 전기충격이 있을 것이라는 경고를 미리 알려주었다. 위험신호가 없는 동안에는 안전신호와 같은 효과를 낸 셈이다.

만약 위험신호 없이 쥐들에게 전기충격을 갑자기 가한다면 쥐는 항상 두려움에 떨게 된다. 음악 소리를 들려준 후에 전기충격을 가하면 쥐는 음악소리가 들리는 1분 동안에는 두려움에 사로잡히지만, 음악소리가 없는 시간에는 정상적으로 활동한다.

-마틴 셀리그만,《긍정심리학》

위험신호가 있으면 위험한 것이고 없으면 안전한 것이다.

벌이 효과를 보지 못하는 것은 아이에게 보내는 안전신호가 불분명하기 때문이다. 벌이 효과가 있으려면 아이에게 위험신호를 분명히 알려줘야 한다. 그래야 아이는 잘못을 깨닫는다. 위험신호 없이 갑자기 아이에게 벌을 주면 아이는 잘못을 깨닫는 대신 항상 부모에 대한 두려움을 가질 수 있다. 부모가 언제 벌을 줄지 모르니 아이는 항상 긴장한다.

하지만 위험신호를 미리 경고한 다음에 벌을 주는 경우, 아이는 잘못을 깨닫고 다시 평정심을 되찾을 수 있다. 그렇게 하면 아이가 벌을 받는 이유를 분명하게 깨닫게 하는데 도움이 된다. 경고에도 불구하고 행동수정을 하지 않아 벌을 받게 된 아이는 크게 억울해하지 않을 것이며, 자신의 잘못을 깨닫고 뉘우치게 된다.

예를 들어 예방주사에 대한 위험신호를 미리 알려주면 아이의 거부반응을 줄이는데 효과가 있다. 어떤 부모는 아이에게 병원에 주사 맞으러 간다고 미리 알려주면 아이가 가기 싫어할까봐 진료실에 들어오기 전까지 위험신호를 알려주지 않는다. 아이가 진료실에 들어와서야 내가 주사기를 들고 아이에게 공포감을 맛보게 하는 당황스런 상황이 자주 있다. 이런 경험을 당한 아이는 다음에 진료실에 들어올 때 주사 맞을까봐 두려움에 떤다. 부모로부터 위험신호 없이 주사를 맞았기 때문이다. 내가 오늘은 주사를 안 줄 테니 걱정 말라고 아이를 안심시켜도 효과가 없다.

그러나 부모로부터 주사를 맞을 거라는 위험신호를 미리 받고, 예상대로 주사를 맞는 아이는 다음에 진료실에 들어와서도 침착하게 진료를 받는다.

이와 같이 위험신호는 아이에게 주사를 담담하게 맞을 수 있도록 감정조절능력까지 길러준다. 이러한 능력을 키울 수 있는 기회를 놓치는 부모가 있는가 하면 그걸 알고 잘 이용하는 부모님도 있다. 아이는 위험신호가 붙어 있는 행동을 할 때는 벌을 받을지 모른다는 불안감을 느낀다. 하지만 위험신호가 없는 평상시에는 걱정 없이 평안함을 누린다.

부모가 예고 없이 남발하는 무분별한 규제는 아이에게 쓸데없는 불안심리만 안겨준다. 아이의 정서가 불안해지면 집중력과 주의력이 떨어진다. 이것은 아이의 학습능력과도 직결된다는 사실을 잊으면 안된다.

4 | 아이의 감정코칭

부모가 권위를 내세워 아이의 행동을 규제하면 아이는 불편한 감정을 갖게 된다. 이 감정까지 깨끗이 해소시켜 주어야 부모의 마음이 한결 편해지고 아이의 불만도 잠재울 수 있다. 단호하고 엄격하게 '안된다'고 한 다음에는 부모의 따뜻한 감정코칭이 뒤따라주어야 아이로부터 진정한 공감을 이끌어낼 수 있다. 동시에 아이는 감정의 노예가 아니라 감정의 주체로 자라는 훈련도 함께 받을 수 있다.

작은딸(만3살)의 행동을 규제하기 위해 감정코칭 한 사례를 단계별로 설명해 본다. 아이가 저녁에 목욕을 한 다음 핑크색 반바지를 기어이 입고 자겠다고 우겼다. 가을이었고 아이가 감기약을 먹고 있으니 긴 바지를 입고 자야 한다고 설득했다. 하지만 아이는 한 치도 물러서지 않고 고집을 피우며 큰 소리로 울었다. "우리 딸이 많이 속상하구나." 하면서 안아주려고 시도했으나 아이는 나의 위로마저 뿌리쳤다. 이것은 감정의 정체를 밝히는 단계이다.

나는 "엄마가 몹시도 미운 모양이구나! 그럼 엄마 미워! 미워! 하면서 이 베개를 실컷 때려봐." 하면서 베개를 갖다 주었다. 그러자 아이는 베개를 때리고 울고, 때리고 울기를 반복했다. 한참을 그러더니 나의 포옹을 받아주었다. 그래도 아이는 손에 쥐고 있던 핑크 반바지가 보이면 여전히 울었다. 울기를 멈췄다가도 반바지만 보면 또 울었다. 이것은 감정을 받아주는 단계이다.

나는 억지로 반바지를 뺏어서 서랍장에 넣어 버렸다. 아이는 뺏겼다고 더 크게 울었다. 마지막 희망마저 빼앗긴 좌절감이 찾아온 것이다. 나는 아이를 감싸 안으며 등을 토닥거렸다. 그렇게 아이는 분노, 슬픔, 좌절이라는 감정을 순서대로 맛보더니 스스로 울음을 그쳤다. 그리고 아무런 일도 없었다는 듯이 긴 바지를 혼자 쑥 입더니 언니와 재미있게 놀기 시작했다. 아이 스스로의 내면작업을 통해 감정의 노예에서 감정의 주인으로 바뀌는 순간이었다. 이것은 감정을 처리하고 수용하는 과정이다.

아이가 감정의 주인이 되기까지 딱 한 시간이 걸렸다. 나는 한 시간 동안 엉엉 우는 아이를 위해 울지 말라는 말도, 훈계도 하지 않았다. 대신 "핑크 바지 대신에 긴 반지 입자!"라는 단호함을 보여줌과 동시에 아이의 화나고 속상한 마음을 읽어주고, 사랑의 스킨십으로 위로해 주었다. 마음껏 울도록 오히려 배려해 주었다.

아이는 엄마의 규제를 통해 세 가지 불편한 감정을 겪었다. 엄마에 대한 분노, 핑크 반바지를 입을 수 없다는 슬픔, 쥐고 있던 반바지마저 뺏겨 버린 좌절감이었다. 베개를 때리며 엄마에 대한 분노를 해소할 수 있었고, 엄마의 위로 덕분에 슬픔과 좌절감을 스스로 극복해낼 수 있었다.

아이가 부모에게 억지로 순종해야 할 때는 분한 마음과 함께 좌절감을 느낀다. 아이에게는 갖가지 불편한 감정이 오간다. 이때 부모의 권위를 내세워 아이의 감정까지 억압해 버리면 아이 안에 욕구불만이 자라고, 부모와의 사이가 멀어질 수 있다. 부모는 아이가 행동뿐만 아니라 마음까지 순종하도록 이끌어야 한다. 엄격한 선생님 역할과 함께 따뜻한 심리상담사 역할까지 겸해야 참다운 권위가 세워진다.

문제는 아이에게 훈계하기는 쉬워도 아이의 감정을 어루만져주기는 참 어렵다는 것이다. 그러므로 감정코칭에는 학습이 필요하다. 감정코칭을 단계별로 하나씩 익혀놓으면 매우 유익하게 써먹을 수 있다.

감정코칭에는 감정의 정체 밝히기, 감정 받아주기, 감정처리 도와주기, 감정의 원인 찾기의 4단계 과정이 있다.

감정의 정체 밝히기

부모의 뜻에 순종함으로써 생기는 불편한 감정을 아이 스스로 다룰 수 있도록 하기 위해 거쳐야 하는 첫 번째 단계는 감정의 정체를 밝히는 것이다. 어떤 감정이든 정체가 드러나면 베일에 감춰져 있을 때만큼 위협스러운 존재가 아닌 경우가 많다. 어떤 감정인지 정확하게 그 정체를 밝혀서 대면하는 순간, 아이는 감정에 좀 더 당당해지고 이를 다룰 수 있는 자신감을 갖게 된다. 감정의 존재를 인식하는 순간 그 감정이 어디에서 왔는지 그 근원을 따질 수 있게 되고 그것을 파악하여 다룰 수 있게 되는 것이다.

아이가 느끼는 감정의 정체를 찾아내는 작업을 통해 아이와의 소통도 가능케 된다. 이러한 과정은 엄마가 '안된다'라고 말하기는 했지만 그것은 아이를 위한 조치였음을 알려주면서, 아이에게 내미는 따뜻한 타협의 손길이기도 하다.

"엄마가 안된다고 해서 우리 딸 많이 실망했구나. 아무 말도 안 하

고 고개를 푹 숙이고 있는 것을 보니."

"겨울왕국을 한 번 더 보고 싶었는데 엄마가 안 보여 준다고 해서 그렇게도 속상했어? 겨울왕국이 무척 재미있었나 보구나."

"엄마한테 화가 정말 많이 났구나. 이렇게 펑펑 우는 것을 보니. "

감정 받아주기

감정은 그저 느끼도록 놓아두고, 느낀대로 표현하도록 하는 게 좋다.

아이가 감정을 있는 그대로 받아들이고 느끼도록 도와주는 것이다. 아이가 느끼는 감정이나 생각을 부모에게 언어로 당당히 표현하도록 가르쳐준다. 아이가 화난 것을 부모에게 말로 푸는 것 자체가 감정을 조절하는 하나의 과정이다.

부모가 안된다고 하는 말에 대해 아이가 화를 낸다고 부모도 덩달아 같이 분노하는 경우가 있다. 아이에게 단호함을 보여준다는 것이 자칫 하면 분노와 냉정함으로 흐르기도 한다. 화나고 속상한 아이에게 부모도 아이처럼 화나는 감정을 드러내서는 안 된다. 안된다고 하는 부모의 단호함과 동시에 공감하는 따뜻함을 보여줘야 한다.

부모의 엄격한 규제에 아이가 화나서 우는 상황을 예로 들어보자. 아이가 우는 이유는 두 가지이다. 첫 번째 이유는 부모에게 자신의 욕구가 관철되기를 바라는 목적의식에서 계속 울고, 두 번째 이유는 부모의 거절에 따른 분노와 좌절, 슬픔이라는 감정의 표현으로 운다.

전자의 경우는 부모가 단호한 입장을 보여줌으로써 아이가 자신의 뜻을 포기하도록 만들어야 한다. 하지만 후자의 경우는 마음껏 울게 내버려둬야 한다. 아이가 불편한 감정을 스스로 처리하도록 도와주는 것이다. 아이가 불편한 감정을 부정하거나 무시하지 말고 체험해 봐야 한다. 부모는 아이의 감정이 어떤 것인지 공감해 주면 된다.

아이를 따뜻하게 안아주고 눈물을 닦아주면서 아이의 불편한 감정에 함께 머물러 있어 주는 것도 좋다. 부모의 단호한 태도로 인해 분노하고 좌절했지만 자신에게 공감해 주는 부모의 태도가 아이에게는 큰 위로가 된다.

"우리 딸! 엄마가 안된다고 해서 많이 속상한 거로구나. 이렇게도 슬프게 우는 것을 보니. 이리 오렴."

나는 우는 아이를 따뜻하게 안아준다. 안은 채로 어떤 권고나 훈계도 하지 않는다. 그저 아이의 화나고 속상한 마음과 함께 있어 주는 것이다. 아이가 받아들이기 힘든 불편한 감정을 적절히 조절하기를 기다릴 뿐이다. 하지만 아무런 목적 없이 기다리는 것은 아니다. 아이가 부모의 단호한 태도에 대안을 생각해내는 마음의 여유를 갖도록 기다리는 것이다. 그때까지 아이에게는 부모의 공감과 인내심이 필요하지 훈계나 설득이 필요한 게 결코 아니다.

감정처리 도와주기

아이가 느끼는 감정의 정체를 밝혀주고, 그 감정을 아이가 충분히 느끼고 받아들이는 모습이 보이면 아이에게 그 감정을 해소하는 방법을 제시해 준다. 한 가지 방법만 쓰는 게 아니라, 다양한 방법을 활용하도록 미리미리 가르쳐 주는 게 좋다. 그래야 언제 튀어나올지 모르는 안된다고 하는 부모의 단호한 태도에 대해 아이가 적절히 대처할 수 있다.

다음은 이지영의 《정서 조절 코칭북》에 소개된 감정처리법이다. 이지영은 정서조절코칭연구소(www.emotioncoach.co.kr)를 운영하는 심리학자이다.

상황 피하기

불편한 감정을 일으킨 상황을 피하는 것으로 매우 효과적인 방법이다. 핑크 반바지를 내가 뺏어서 아이 눈에 안 보이게 서랍장에 넣어 버린 것은 상황을 피하는 방법이다. 고통을 유발하는 대상으로부터 멀어지면 아이의 정서적 고통이 일시적으로 경감되는 효과가 있다.

하지만 불편한 감정을 일으킨 원인과 감정을 처리하는 기회를 없앰으로써 아이의 불쾌감이 더 증폭될 수도 있다. 권장할 만한 방법은 아니다. 처음부터 쓰지 말고, 일차적인 방법이 효과를 못 볼 때 이차적인 방법이나 마지막 수단으로 쓰는 게 좋다.

아이가 불편한 감정을 충분히 누리고 수용하는 단계로 넘어간 한참 뒤에 이 방법을 써서 감정의 원인을 없애면 아이가 순순히 부모의 뜻에 따르는 경우가 있다. 하지만 공공장소에서 아이가 떼를 쓸 때는 기다리지 말고 이 방법을 써서 상황을 빨리 피하는 것이 좋다.

주의 분산하기

불편한 감정을 유발한 상황과 관련 없는 다른 일로 주의를 전환시키는 방법이다. 내가 진료실에서 제일 많이 사용하는 방법이기도 하다. 주사 맞고 우는 아이에게 비타민을 주거나 박수를 치면서 활짝 웃어 주거나 인형이 움직이는 멜로디 모빌을 틀어주는 방법으로 아이의 주의를 분산시킨다.

아이의 생각을 좋은 쪽으로 돌리도록 대화를 유도하거나 불편한 감정을 상쇄할 수 있는 즐거운 대상을 생각하도록 만든다. 아이와 함께 놀러 갈 계획을 나누거나 재미있는 책을 읽어준다. 숫자를 계속 세는 방법도 좋다.

아이에게 위안이 되는 말을 반복하도록 해주는 것도 좋다.

"난 잘 할 거야." "괜찮을 거야."
"나쁜 마음은 금방 사라질 거야."
"엄마는 나를 사랑해." "난 속상한 마음을 이겨낼 수 있어!"
"화내고 슬퍼한다고 문제가 해결되는 것은 아니야."

이 방법은 어른에게도 효과가 있다. 이런 문구를 책상이나 휴대전화 등에 적어 놓는 것도 좋고, 이런 말을 적은 메모를 지갑에 넣고 다니며 수시로 꺼내 보고, 소리 내어 읽는 것도 도움이 된다.

종이 찢기

화나면 아이에게 잡지나 신문지를 찢으라고 준다. 종이를 찢는 것은 불편한 감정을 발산하는 효과가 있다. 종이를 자신의 쌓인 불쾌한 감정덩어리로 생각하면서 갈기갈기 찢는 것이다. 화를 나게 한 대상이라고 생각하면서 찢는다. 가슴에 남아 있던 감정을 그 종이에 담아서 구기고 휴지통에 버리는 의식을 반복함으로써 쌓인 감정을 밖으로 꺼내어 버리도록 도와준다. 아이 안에 묵은 감정을 쓰레기처럼 꺼내어 버리는 과정이라고 말해준다.

베개 때리기

무엇을 안된다고 말한 엄마가 밉거나 싸운 언니가 미우면 베개나 소파, 매트리스, 북을 때리라고 한다. 그러면서 "엄마, 미워!""언니, 미워!"라고 소리를 지르라고 한다. 아이의 속상한 마음을 이해할 수 있는 좋은 기회이기도 하다. 엄마에게는 우리 아이가 '나를 저리도 미워하는 구나'하면서 자신을 돌아보는 계기가 되기도 한다.

감정을 말로 표현하기

불편한 감정과 생각을 말로 드러내는 작업이다. 마음속에 담아두는 것과 말로 표현하는 것은 다른 과정이다. 화나는 것을 속으로 그냥 느끼는 것과 화를 말로 표현하는 것은 서로 다른 작용을 일으킨다. 소리를 내어 밖으로 표현하면 부정적인 감정을 해소하는데 도움이 된다.

운동하기

아이를 데리고 달리기를 하거나 놀이터에 나간다. 운동은 무엇을 발산시키는 효과를 가진다. 운동은 땀을 통해 생리적 찌꺼기를 발산할 뿐 아니라, 심리적 찌꺼기까지 밖으로 내보내는 효과가 있다. 운동을 할 때는 무작정 하는 게 아니라, 아이에게 운동하면서 그날 쌓인 감정을 집중적으로 생각하라고 시킨다. 불쾌한 감정에 집중하면서 몸의 에너지를 실어 그것을 밖으로 내뿜는 것이다. 운동으로 불편한 감정을 발산하는 법을 가르치다 보면 아이가 운동을 좋아하게 된다.

호흡 훈련

흥분하거나 화나고 긴장되면 감정의 영향을 받아 호흡이 가빠진다. 반대로 호흡을 의지대로 조절할 수 있다면 감정에 영향을 끼칠 수 있다. 호흡훈련을 통해 긴장상태를 완화시키는 방법이다.

이 방법은 호흡을 천천히 하면서 호흡에 정신을 집중하는 것이다. 그러면서 호흡 회수를 세어 보면 호흡이 점점 빨라지기도 하는데 호흡 연습을 통해 호흡 회수를 낮추는 것이다. 호흡에 집중하다 보면 극도로 흥분하거나 불안한 감정이 안정된다.

다음은 감정조절이 힘들 때 유용하게 써먹을 수 있는 복식호흡 훈련법이다. 평소에 엄마와 아이가 같이 연습해두면 좋다.

1. 복장을 느슨하게 한 다음 소파나 침대, 또는 바닥에 눕는다. 의자에 앉아 있다면 편히 앉도록 한다.
2. 편안한 자세로 숨을 고른다.

3. 가슴은 고정하고 배로 숨을 쉬어 본다. 배를 부풀리면서 숨을 들이마시고, 배를 낮추면서 천천히 숨을 내쉰다.(배 위에 책을 놓고 책이 오르내리는 것에 집중하면서 연습할 수도 있다.)
4. 왼손은 가슴 위에 올리고 오른손은 배에 얹고 숨을 쉰다. 이때 왼손은 가만히 있고 오른손만 오르내리도록 숨을 쉰다. 숨을 들이마시면서 풍선처럼 배를 부풀렸다가 공기를 천천히 밀어내듯 숨을 내쉰다.
5. 천천히 부드럽게 숨을 쉬면서 들이쉬는 숨보다 내쉬는 숨을 더 길게 쉬도록 한다. 코로 숨을 쉬되 내쉬는 숨이 끝나면 '하~' 하고 입으로 소리를 내며 이완한다.
6. 익숙해지면 앉은 자세와 일어선 자세에서도 반복하면서 다양한 상황에서 복식호흡을 바로 적용할 수 있도록 연습을 평소에 해둔다.

-이지영, 《정서 조절 코칭북》

감정의 원인 찾기

부정적인 감정의 정체를 밝히고 그 감정을 한껏 누리고 받아들인 후에 감정의 원인까지 해소시켜 주면 아이의 마음은 한결 가벼워진다. 먼저 해소하려던 감정의 원인이 무엇인지 아이가 깨닫도록 한다.

감정의 원인은 세 가지 과정으로 살펴볼 수 있다. 예를 들면, 전철에서 지나가는 사람이 툭 치며 지나갈 때 화를 내거나 그냥 놀래는 등 감정반응이 다양할 것이다. 화낸 이유는 '감히 날 툭 쳐? 눈에 보이는 게 없구만.'이라는 생각 때문일 수 있다. 아니면 단순히 '저 사람이 날 못 봤나 봐.'라고 생각할 수도 있다.

감정은 문득 자동으로 스치는 생각 때문에 발생한다. 이유 없이 감정이 생기는 것은 아니다. 자동으로 스치는 생각은 자존감이 높은 사람에게는 긍정적으로 흐르고, 자존감이 낮은 사람에게는 부정적으로 흐르는 경향이 있다.

감정의 원인을 따지는 세 가지 과정을 나무에 빗대어 생각해 보자.

감정의 근본원인인 '자존감'은 뿌리이고, 뿌리에서 뻗은 줄기는 '스치는 생각'이며, 줄기에서 맺은 열매는 '감정'이다.

자존감은 자신에 대한 기본 믿음이다. 아이가 세상을 바라보는 안목과도 같다. 자존감이 높으면 자신에 대한 기본 믿음이 밝고 건전해서 기본사고가 긍정적으로 흘러가고, 감정의 기복이 심하지 않고 긍정적인 기분을 잘 지속시킨다. 반면에 자존감이 낮으면 자신에 대한 기본 믿음이 흔들리고, 불안해서 기본 사고가 부정적으로 흘러가고 감정의 기복이 심해진다.

감정의 원인은 자동으로 스치는 생각이다. 스치는 생각은 특정 감정을 일으키는 원인이다. 곰곰이 되짚어 보면 '아, 내가 이런 생각을 했구나!'라고 깨달을 수 있는 수준의 생각이다. 외부의 자극을 받으면 자동으로 스쳐지나가는 생각이 있으나 이를 미처 인식하지 못한다. 감정만 의식하는 경우가 종종 있다. '왜 이렇게 화가 나지?''무슨 일 있나?''마음이 우울하다. 왜 그렇지?' 이처럼 원인을 모른 채 감정의 변화만을 감지할 때가 흔히 있다.

아이와 함께 감정의 원인을 찾을 때 주의할 사항이 있다.

부모가 아이의 마음을 미리 예측해서 판단해 버리면 아이는 거부감을 갖게 된다. 아이의 감정, 스치는 생각, 자존감의 3단계별로 아이에게 먼저 물어보도록 한다. 그래야 부모가 원하는 방향으로 아이의 생각을 이끌 수 있다. 아이 스스로 깨닫도록 도와주는 질문을 던지면 좋다.

큰아이는 이런 말을 자주 한다. "엄마는 동생만 안아주고, 동생하고만 놀아주고. 나랑은 안 놀아주고. 엄마 미워!" 사실, 나는 큰아이와 더 많이 놀아주는데도 작은아이와 내가 재미있게 놀고 있으면 이렇게 질투를 한다. 그렇다고 큰아이의 비위만 맞출 수 없는 노릇이다. 편애하지 않고 공평하게 놀아주는 것도 육아의 중요한 지침이다. 큰아이의 불공평한 요구에 안된다고 대응하면서, 아이의 질투심에 대한 원인을 세 단계로 따져서 질문해 본다.

첫째 단계(감정): 언니에게 동생을 질투하는 감정이 생겼다.

둘째 단계(스치는 생각): 질투하는 이유는 엄마가 동생을 더 사랑한다고 생각하기 때문이다.

셋째 단계(자존감): 언니가 동생보다 자기가치를 낮게 평가하므로 엄마가 동생을 더 사랑한다고 생각한다.

이 세 단계를 유념하면서 큰아이의 감정을 먼저 인정해 주고 스치는 생각이 무엇이었는지 물어본다.

"많이 속상해 보이네."

"엄마는 너희 둘 다 똑같이 놀아주었는데 너는 어떻게 해서 엄마가 동생하고만 놀아준다고 생각하는 거야?"

큰아이의 자존감에 대해서도 이렇게 물어본다.

"엄마가 너와 동생 중에 누구를 더 사랑한다고 생각해?"

"너는 이 세상에서 하나밖에 없는 엄마의 소중한 존재인데 너는 스스로에 대해서 어떻게 생각하는 거야? 혹시 마음에 안 드는 점이 있어?"

"네가 요즘 자신감이 떨어진 적이 있었니?"

만약 아이의 자존감이 낮게 나타난다면 평소에 격려를 듬뿍 해주도록 세심한 주의가 필요하다. 그리고 아이의 생각이 틀렸다는 사실을 깨닫도록 도와준다.

5 | 아이 스스로 대안 찾기

아이가 자신의 스치는 생각과 자존감에 문제가 있음을 알게 되면, 엄마는 아이 스스로 긍정적인 대안을 찾도록 아이의 감정을 전환시켜 준다.

대안을 찾는 방법에는 대안사고와 대안책의 두 가지가 있다. 대안사고란 자동으로 스쳤던 생각이 불편한 감정을 일으켰음을 깨닫고 긍정적인 방향으로 감정을 전환시키도록 생각을 새롭게 바꿔주는 사고이다. 대안책이란 대안사고를 실현해 줄 수 있는 현실적인 방법을 말한다. 대안사고와 대안책은 아이 스스로 찾도록 도와줘야 아이의 자존감이 높아진다.

다음은 아이의 대안사고를 묻는 질문들이다.

"과연 그렇게 생각하는 것이 도움이 될까? 어떻게 생각해야 기분이 좋아지지?"

"선생님이 다른 친구를 칭찬할 때 질투하지 않고 같이 기뻐하려면 어떤 생각을 하면 좋을까?"

"친구들이 네게 '땅꼬마!'라고 놀려도 속상해하지 않으려면 어떤 생각을 하면 좋을까?"

"너는 엄마가 동생만 더 예뻐한다는 생각이 들 때면 어떻게 생각해야 기분이 나빠지지 않을 거 같아?"

이런 질문을 받으면 연령대 수준에 맞는 대안사고가 아이의 입에서 나올 것이다. 부모가 생각해낸 대안사고로 아이의 생각을 바꾸기는 어렵다. 아이 스스로 찾아낸 대안사고가 아이의 감정을 전환시키는데 효과적이다. 부모는 아이가 기분을 회복시키도록 핵심적인 질문만 던져주면 된다. 질문에 답하다 보면 아이는 어느새 자신이 생각해낸 대안사고로 인해 웃음을 찾게 된다.

다음은 내가 안된다고 한 일에 대해 딸아이가 스스로 찾아낸 대안책들이다.

아이가 신데렐라 DVD를 자꾸 보겠다고 우겼으나 내가 거절했다.
→ "그럼 다음 주말에 보여주실 거죠?"

아이가 슈퍼마켓으로 들어가자고 우겼으나 내가 거절했다.
→ "그럼 집에 가서 쿠키와 아이스크림 주실 거예요?"

아이가 밥 먹기 전에 빵을 먹겠다고 우겼으나 내가 거절했다.
→ "그럼 밥 다 먹으면 빵 주실 거죠?"

아이가 더 놀겠다고 우겼으나 잘 시간이 지났기 때문에 내가 거절했다.
→ "그럼 내일 일찍 일어나면 나랑 재미있게 놀아주실 거예요?"

아이가 부모의 거절을 받아주었다면 부모도 아이의 요구사항을 받아줘야 한다. 그래야 아이 마음속에 섭섭한 앙금이 없다. 부모는 아이가 말을 들을 수 있도록 대안책을 물어봐 주는 센스를 갖춰야 한다. 아이만 자신의 뜻을 굽히는 것이 아니라 부모도 아이 앞에서 적절히 물러설 줄 알아야 하는 것이다. 일방적인 부모의 규제는 아이에게 불평과 불만을 키운다. 3보 전진을 위해 2보 후퇴하는 것이다.

아이가 안된다고 한 부모의 말에 따르면서 자신의 욕구를 참도록 가르치는 것은 자기조절력을 성장시키는 기회이자, 성공을 위한 인생설계의 과정이다. 더 나은 미래를 위해 지금의 욕구를 조절하는 능력은 성인이 되어서 목표 달성을 위해 나아갈 때 꼭 필요하다.

공감대화 • 7단계

상상하라

부모의 양육태도와 아이의 습관을 상상훈련을 통해
바람직하게 바꾸는 것이 이 대화법의 핵심이다.

평범한 사람은 과거의 상처와 후회, 미련을 가지고 현재를 살아간다. 이들에게 있어서 미래는 과거의 발자취를 다시 걷는 것과 크게 다르지 않다. 과거 속에 사는 현재는 과거를 되풀이하는 미래를 낳는다. 그러나 현명한 사람은 미래를 꿈꾸며 현재를 살아간다. 이들의 미래는 현재에 설계했던 꿈이 그대로 펼쳐지는 것이다. 미래 속에 사는 현재는 미래를 새롭게 재창조한다. 이것이 바로 현재에 있는 내가 해야 할 상상의 법칙이다.

나는 내 멋대로 상상하지 않는다. 내가 원하는 꿈을 상상하도록 사고방식을 재설계하기 위해 꾸준히 생각한다. 방향 없이 흘러가는 생각의 흐름을 상상의 법칙으로 조절하기 위해 노력한다. 부모의 양육태도와 아이의 습관을 상상훈련으로 바람직하게 바꾸는 것이 이 대화법의 핵심이자 결론이다.

1 | 바람직한 부모상 상상하기

작은딸은 자기주장이 워낙 강하다. 그래서 내 말을 안 듣고 떼를 부리는 것을 보면 엉덩이를 실컷 때려주고 싶을 때가 많다. 차마 때리지 못해 소리를 버럭 지르기도 하고, 실제로 때린 적도 있다. 어렸을 적 부모님으로부터 맞은 기억이 나도 모르는 사이에 내 아이에게 대물림되고 있는 것이다.

다음은 아이에게 소리를 지르거나 때리는 것이 따뜻한 설득보다 효과적이지 않음을 보여주는 실험이다.

> 아이를 두 부류로 나누어 상자를 하나씩 주었다. 한 부류의 아이들에게는 "상자 안에 있는 것을 만지면 안된다." 라고 부드럽게 이야기했다. 다른 부류의 아이들에게는 "상자 안에 있는 것을 만지면 혼난다." 라고 겁을 주었다. 그리고 아이들끼리 있게 놔두었다. 그 결과 아이들이 상자 안에 있는 것을 만진 빈도수는 두 부류 모두 30%로 비슷하게 나타났다.
>
> 3개월 후에 같은 실험을 실시했는데 전혀 다른 결과가 나왔다. 겁을 주었던 부류의 아이들 중 70%가 상자 안에 있는 것을 만진 반면에, 부드럽게 이야기한 부류의 아이들은 그 전과 마찬가지로 30%만 만졌다. 이 실험은 무서운 말로 아이를 다루는 것은 당장은 효과가 있을지 몰라도 시간이 흐르면 역효과가 난다는 것을 보여준다.
>
> 따라서 아이의 행동을 제지할 때 무섭게 말하는 것은 좋지 않다. 대신 왜 그런 행동을 하면 안되는지 이유를 설명해 주고 아이의 행동에 부모가 어떤 감정을 느끼는지 이야기해 주면 더 효과적이다.
>
> –신의진, 《신의진의 아이심리백과》

양육지식은 머리로 이해되더라도 실천에 옮기기는 참 어렵다.

대화법 책을 쓰면서 깨달은 중요한 사실은 습득한 지식이 내 생각을 바꿀 수는 있어도 나의 말과 행동을 쉽게 바꾸지는 못한다는 것이다. 나의 말과 행동은 40년 넘게 경험해 온 장기기억, 특히 기억되지 않는 암시기억에 의해 조종된다. 잠재의식을 바꾸지 않는 한 나는 어렸을 때부터 익숙한 양육습관을 따르게 되어 있다. 몸에 밴 체벌습관과 무심결에 흘러나오는 언어폭력을 어른이 되어서 고치기란 무척 어렵다. 습득한 지식이 아니라 부모로부터 받은 암시기억대로 아이를 기르고 있기 때문이다. 과거의 족쇄가 열심히 학습한 양육지식을 무용지물로 만들고 있는 것이다.

나는 잠자리에 들기 전에 내가 원하는 모범적인 부모상을 그려보는 상상훈련을 꾸준히 했다. 나의 과거와 연결된 현재가 아니라, 밝은 미래에 대한 소망으로 연결된 현재이길 바라는 마음에서 상상을 하는 것이다. 나는 낙담하지 않고, 변화를 포기하지 않았으며, 아이들을 위해 희망을 가지고 상상훈련을 계속했다.

아이들을 향해 부정적인 말들이 튀어나오는 상황을 긍정적인 말이 나오는 상황으로 전환시키는 '리프레임'(reframe) 능력을 갖기란 정말 어렵다. 나는 이러한 리프레임 능력을 가진 부모상을 자주 상상했고, 결국은 그 상상을 현실로 나타나게 할 수 있었다. 아이를 혼내고 꾸중할 상황에서도 격려를 통해 아이의 생각을 바꿀 수 있게 된 것이다.

내가 원하는 부모상을 갖추기 위해 실시했던 상상훈련은 3단계 과정을 거친다. 다음과 같은 3단계 과정을 따라 눈을 감고 꾸준히 상상하면서 잠들면 암시기억이 올바른 방향으로 발전된다.

1 단계: 부모로부터 받은 상처 치유하기

우리 부모님 세대는 올바른 양육에 대해 무지했다. 부모님이 내게 한 양육방식을 이해하려고 노력한다. 내가 원하는 부모님이 되어줄 수 없었던 당시 상황들을 떠올려 본다. 부모님이 가졌을 당시의 감정과 욕구들을 나도 같이 공감해 본다. 어린 시절에 가졌던 나의 부정적인 감정들을 되살린다. 그 감정들을 제대로 느끼고, 감정의 존재를 받아들여 주면 그 감정들은 결국 내게서 떠난다. 그리고 나의 부모님을 진심으로 용서하며 어쨌든지 간에 나를 낳아주심에 감사한다. 어린 시절 부모님으로부터 받은 부정적인 감정의 유산을 떨쳐버리는 것이 첫 번째 관문이다.

2단계: 나의 부정적인 양육태도 반성

내가 아이들에게 하는 부정적인 양육태도가 부모로부터 물려받은 것임을 문득문득 깨닫게 된다. 부모로부터 받은 상처를 나의 아이들에게 그대로 물려주고 있는 것이다. 이것을 자각하고 인정하는 것이 필요하다. 어린 시절 그토록 싫어했던 부모상을 내 아이에게 그대로 보여주고 있다는 사실에 서글퍼지기도 한다. 내가 받은 고통을 아이들에게 그대로 되풀이하고 있다. 그것은 내 무의식의 세계 속에서 벌어지고 있는 악습의 대물림이다. 올바르지 않게 실행되고 있는 잠재의식의 반복을 떨쳐버리는 게 시급한 과제이다. 무의식 세계 속에 숨어 있는 어두운 부모상의 존재를 의식 세계로 드러낸다. 그 존재를 인정하고 자각하는 것이 두 번째 과정이다.

3단계: 내가 꿈꾸는 부모상 그리기

내가 바라는 모습은 단연코 감정조절능력이 뛰어난 부모상이다. 아이가 내 속을 박박 긁어도 터져 나오는 울화통을 잘 순화시키고, 감정조절을 잘하는 엄마의 모습을 아이에게 보여주는 장면을 영화처럼 그려본다. 아이에게 화난다고 소리를 버럭 지르거나 때리는 모습 대신 긍정적인 언어로 설득시키는 나의 모습을 떠올려본다. 아이를 꾸중하는 상황을 격려하는 상황으로 바꿀 수 있는 기술을 가진 부모야말로 훌륭한 양육자이다. 이런 능력을 갖춘 자신의 모습을 그려보면 흐뭇해진다. 날마다 자신이 되고자 하는 부모상을 그려보는 상상훈련을 하는 것이 세 번째 과정이다.

나는 마흔이 넘어서 새롭게 습득한 양육지식대로 실천하는 내 모습을 꾸준히 상상한다. 잠자리에 들 때 착각에 빠지기도 한다. 양육자로서의 나의 현재 모습은 한탄스러울 정도이지만, 내가 꿈꾸는 부모상을 그리며 기분 좋게 잠든다. 꾸준한 이미지 트레이닝 덕택으로 40년 넘게 굳어 있던 나의 고정관념과 언어습관을 조금씩 바꿀 수 있었다.

여러분도 이 책을 다 읽었다고 해서 언어습관이 쉽게 바뀌지는 않을 것이다. 그렇다고 포기하거나 낙망하지 말았으면 좋겠다. 잠자는 내내 무의식의 세계를 이미지 트레이닝으로 바꾸어 가다 보면 어느 순간 그런 부모가 되어가고 있는 자신의 모습을 보고 흐뭇한 기분이 들게 될 것이다.

2 | 아이의 공감능력 높이기

상대의 마음을 읽는 능력이 발달한 아이들은 영리하여서 또래 친구들에게 영향력이 높다. 학교에서 폭력을 휘두르는 아이들도 이러한 마음 읽기 능력이 높다. 상대방을 속이고 상대방의 약점을 이용하려면 마음 읽기 능력이 높아야 하기 때문이다.

그러나 폭력적인 아이들은 상대방 입장에서 느끼는 공감능력이 매우 낮다. 상대방의 마음을 빨리 눈치 채는 것보다 훨씬 더 중요한 것은 상대방의 입장에서 상대방의 기분을 느껴 보는 감정이입 능력인데 폭력을 휘두르는 아이들은 이 능력이 부족하다.

우리 뇌에는 '거울신경세포(mirror Neuron)' 라는 것이 있다.

원숭이에게 컵을 붙잡는 동작을 가르치는 실험을 하다가 우연히 사람이 컵을 잡는 동작을 보고 있던 원숭이 뇌파의 특정 부위가 활성화되는 현상을 발견했다. 이 실험으로 인하여 원숭이에게 컵 잡는 동작을 보여주기만 해도 실제로 컵 잡는 동작을 하는 것처럼 자극되는 특정한 신경군이 존재한다는 사실이 밝혀졌다. 이 실험은 사람의 뇌에는 남의 행동을 보는 것만으로도 자신이 그 행동을 할 때와 똑같이 반응하는 거울신경세포가 존재한다는 사실을 밝히는 계기가 되었다.

거울신경세포는 행동과 의도를 이해하는 기능과 모방기능, 공감기능을 담당한다. 타인의 행동을 보고 있기만 해도 자신이 그 행동을 하는 것처럼 거울신경세포가 작동한다. 이때 활동하는 신경자극은 관찰자가 관찰했던 행동을 그대로 직접 할 때 작동하는 신경세포와 동일하다.

거울신경세포는 타인의 행동을 눈으로 관찰할 때만 작동하는 것이 아니고, 어떤 행동이 어떻게 일어났는지를 귀로 듣기만 해도 작동한다. 타인이 느끼는 감정을 내가 느끼는 것과 같은 경험을 하게 만든다.

거울신경세포는 뇌가 실제와 상상을 구분하지 못하고 착각하게 만들기도 한다. 남의 행동을 마치 내가 하는 것처럼 착각하고, 남의 생각을 마치 내가 생각하는 것처럼 느끼고 남의 슬픔을 마치 내가 겪는 것처럼 눈물 나게 하는 것은 거울 신경세포가 있기 때문에 가능하다.

천연 사이다에 보라색 색소를 탄 음료를 마신 사람들은 눈을 가렸을 때와 직접 보면서 마실 때 각기 다른 결과를 나타낸다.

눈을 가린 채 음료를 마신 사람들은 모두 '사이다' 라고 정확하게 대답하는 데 반해, 보라색 음료를 보면서 마신 사람들은 모두 '포도맛 탄산음료'라고 말한다. 실제로 사이다에 무향의 색소만 넣었을 뿐인데도 대부분의 사람들은 '포도향이 난다' '포도맛이 난다' 라고 대답한다. 즉, 시각중추에서 보라색 색소를 탄 음료의 이미지가 거울신경 체계로 전달되면 포도맛 탄산음료로 착각하게 만드는 것이다.

점진적 근육이완법의 창시자 에드몬드 제이콥슨 박사는 피실험자에게 실제로 몸을 움직이지 말고 생각만 하도록 했는데, 피실험자의 근육에서는 몸을 움직일 때 사용되는 근육이 미묘하게 움직이는 것을 관측하게 되었다. 이러한 원리로 사람이 헬스클럽에 가는 것을 이미지로 떠올리는 것이 거울신경체계로 전달되면 운동근육도 움직이게 된다. 이것이 바로 뇌의 착각이자 상상의 힘이다. 상상은 뇌를 변화시키고, 뇌는 몸을 변화시키고 더 나아가 인생을 송두리째 바꿔놓을 수도 있다.

-EBS 다큐프라임 상상에 빠지다 제작팀, 《우리 아이 상상에 빠지다》

거울신경세포는 감정이입능력과 공감능력을 성장시킨다.

거울신경세포는 상대방의 행동을 머릿속으로 모방함으로써 상대방과 똑같이 행동하는 것처럼 뇌를 자극하고 유사한 감정을 느끼도록 해준다. 거울신경세포를 자극하는 훈련, 즉 상대방을 모방하는 상상훈련을 하다 보면 상대방의 마음을 읽을 수 있는 능력이 자라고, 상대방과 비슷한 감정을 느끼는 감정이입능력이 성장한다.

아이들이 누군가를 모방하는 본능은 공감능력을 키우는 바탕이 된다. 상대방의 행동을 모방하는 이미지를 떠올리면 상대방의 생각과 감정을 느낄 수 있고, 배려하는 성품이 생기게 된다. 남을 배려한다는 것은 나의 고정관념으로 상대를 보는 것이 아니라, 상대방의 입장에서 바라보는 것이므로 상대방에 대한 배려심을 키워 준다.

아이들이 역할놀이, 상상놀이를 할 때 빠짐없이 나오는 놀이가 엄마와 아빠 놀이, 선생님 놀이인데 이러한 모방놀이로 인해 어른들 입장에서 생각하는 감정이입능력이 발달하게 된다. 아이들이 엄마 입장, 동생 입장, 친구 입장을 이해하지 못하고 불만을 토로할 때 상대방 입장이 되어 보는 역할놀이나 머릿속으로 상대방이 되어 보는 상상놀이를 해보면 문제해결이 되는 경우가 있다.

우리 집의 두 딸은 티격태격 서로 싸우는 것이 하루의 일과처럼 되어 있다. 둘이 싸우면서 내게 고자질하면 나는 일단 두 아이 다 눈을 감게 한다. 언니는 동생이 되고, 동생은 언니가 되는 것을 마음속으로 상상하라고 한다. 그러고 나서 눈을 떠보라고 한 뒤에 언니가 동생이 되었을 때 어떤 생각과 감정을 느꼈는지 말해보라고 하면 한 보따리 말한다. 동생도 질세라 언니가 되었을 때 느낀 생각들을 쏟아낸다. 그러면서 아이들의 감정이입능력이 새록새록 자라는 것을 보게 된다. 아이들의 상상세계는 참 우습기도하고 신기하고 재미있다.

3 | 요술 언어의 힘

요술 언어를 쓰기 위해서는 먼저 나 자신에게 주문을 걸어 본다. 딸들의 자존감, 정서 지능이 실제로는 낮더라도 매우 높다고 나 자신에게 주문을 외운다. 이런 착각 속에 빠져들려고 스스로 노력한다.

아이들이 그리 예쁘지 않고 고집쟁이에다가 욕심꾸러기로 행동하더라도 신비한 요술 언어로 주문을 걸어준다. 마법이 이루어지려면 우선 마법사가 그 주문을 그대로 믿어야 한다. 실제로 아이들이 그렇다고 믿으면서 주문을 거는 것이다. 그렇게 하면 나의 생각이 아이들의 거울신경세포에 그대로 비춰지기 때문이다.

아이는 긍정의 언어를 통해 동기가 부여되고, 낙관적 태도를 지니게 된다. 부모가 아이에 대한 생각을 바꾸고, 아이에게 하는 언어를 바꾸면 아이들의 자존감과 정서지능, 지적능력이 변화된다. 늦었다고 생각할 때가 바로 전환의 기회이다. 어른들의 고정관념을 바꾸기가 어려운 것이지, 아이들의 자기개념과 지적능력은 고착화되지 않고 오르락내리락 반복한다.

아이들이 고쳐야 할 나쁜 습관이 있다면 잔소리보다 이러한 요술 언어를 쓰면 효과가 있다.

큰아이가 갖고 있는 단점 가운데 하나는 식사시간에 돌아다니면서 밥 먹는 것과 편식을 하는 것이었다. 작은아이의 고칠 점은 화나면 물건을 던지는 것인데, 고치기가 참 힘들었다. 그래서 잠드는 아이들에게 이렇게 주문을 걸어 보았다.

"우리 딸이 밥을 먹고 있네. 자리에 가만히 앉아서 집중하며 밥을 먹고 있네. 시금치, 콩나물, 버섯도 골고루 잘 먹고 있네. 한 그릇 뚝딱 다 먹고 배를 탁탁 치더니 잘 먹었다고 외치네. 그 다음날 보니 키가 1cm가 커졌네."

"우리 딸이 언니와 싸워서 얼굴이 울그락불그락 화가 무척 나 있네. 씩씩대고 있네. 그런데 동생이 언니에게 말을 하네. '언니, 나 화났어! 내가 놀고 있던 장난감을 빼앗아 가면 어떻게 해!' 그렇게 말하니 언니가 장난감을 돌려주네. 화가 나도 물건을 뒤엎지 않고 예쁘게 말하고 있네."

내가 쓰는 요술 언어

아이의 자기능력감을 높이는 말

- 너는 마음만 먹으면 무엇이든지 할 수 있어. 우리가 든든히 지켜주고 있는데 무엇인들 못하겠니?

아이의 자기가치감을 높이는 말

- 너는 마음씨가 참 아름답고 예쁘단다.
- 너는 엄마 아빠에게 하나밖에 없는 소중한 존재란다.

아이에게 좋은 성품을 만들어주는 말

- 너의 장점은 남을 잘 배려하고 겸손한 마음씨란다.
- 너는 착하고 진실한 마음씨를 갖고 있어.

아이의 정서지능을 높이는 말

- 속상해도 잘 참을 수 있지?
- 엄마가 보니 너는 친구들의 마음을 잘 이해하고 친구들이 싫어하는 행동은 안 하더라.
- 너는 원하는 목표가 있으면 반드시 이루어내려는 끈기가 있어.
- 너는 아무리 많이 넘어져도 훌훌 털고 일어설 수 있지?

다음은 상상훈련의 효과를 보여주는 연구사례이다.

미국 시카고대 연구진이 했던 상상의 힘에 대한 실험이다.

농구부의 학생들을 세 그룹으로 나누어 한 달 동안 각각 다른 연습 방법을 시켰다. 첫 번째 그룹에게는 30일 동안 전혀 연습을 하지 말고 그냥 있도록 했다. 손에 농구공을 만지지 못하게 했다. 두 번째 그룹에게는 30일 동안 매일 자유투를 연습시켰다. 세 번째 그룹에게는 30일 동안 농구공을 잡지 않게 하면서, 마음 속으로 농구를 하게하고, 자유투 연습하는 것을 상상하는 사고훈련만 시켰다.

30일 뒤에 결과는 실제로 농구연습을 했던 두 번째 그룹이나 생각만으로 연습을 한 세 번째 그룹의 자유투 성공률이 비슷하게 향상되었다. 두 그룹 모두 20% 이상의 성공률 향상을 보였다.

반면에 첫 번째 그룹은 자유투 성공률이 전혀 향상되지 않았다. 연습을 실제로 하는 것이나 연습을 상상하는 것이나 둘 다 마찬가지로 우리의 몸과 잠재의식을 깨울 뿐만 아니라 실제로 직접적인 영향을 미친다는 것을 알 수 있다.

아이에게 상상훈련이 실제로 효과가 나타나게 하려면 30일 동안 매일 훈련을 반복한다.

훈련 결과 실제로 큰아이는 이제 파프리카, 상추, 당근, 오이, 고추를 생으로 우거적우거적 잘도 씹어 먹고, 자리에 앉아서 식사를 한다. 작은 아이도 화나면 물건을 던지는 등의 격한 감정표현은 많이 수그러졌다.

아이들은 부모가 거는 마법에 걸려들 수밖에 없다. 일종의 최면술이다. 아이의 뇌라는 도화지에 부모가 꿈꾸는 아이의 이미지를 요술 언어로 그려주면 아이의 뇌는 착각 속에 빠져든다. 아이는 부모가 원하는 습관을 실천하고 있는 것 같은 착각 속에 빠져들고, 뇌는 상상과 실제를 구분하지 못하다가 어느새 상상의 모습이 현실로 드러나게 된다. 이것이 바로 상상의 법칙이다.

상상의 법칙이 효력을 발휘하기 위해서 요구되는 두 가지가 있는데 그것은 포기하지 말고 끝까지 믿고 나아가는 부모의 의지와 믿음이다.

4 | 비전을 실제화 시키기

비전이란 내다보이는 장래의 상황이다. 즉 꿈이 이루어진 미래의 모습인 것이다. 꿈이 이미 이루어진 것처럼 실제화시키면 미래에 현실로 나타날 수 있다. 마음속에서 경험한 세상이 객관적인 현실로 나타나는 것이다. 계속 상상하다 보면 현실에서 이루어진 것과 비슷한 효과를 낸다.

다음은 비전을 실제화시키는 이미지 트레이닝 사례이다.

이미지 트레이닝으로 인생을 바꾼 주인공은 미국의 마릴린 킹이다. 미국 근대5종 국가대표 선수였던 그녀는 1980년 모스크바올림픽을 1년 앞두고 교통사고로 머리와 척추를 크게 다쳐 움직일 수 없게 된다. 디스크 통증 때문에 움직일 수 조차 없었다. 올림픽을 포기하라고 주위 사람들은 말하지만 그녀는 결코 꿈을 접을 수 없었다.

병상에 누워서라도 훈련할 수 있는 방법이 없을까 고민하던 그녀는 이미지 트레이닝을 시작한다. 올림픽 메달리스트들의 경기 장면을 하루 5시간씩 보면서 머릿속으로 선수들의 동작을 연구하고 익혔다. 그런 다음 눈을 감고 자신이 직접 훈련하고 경기하는 모습을 매일 3~4시간씩 상상했다. 하루에도 수십 번씩 금메달을 목에 거는 모습을 상상했다. 조금씩 움직일 수 있을 정도가 되자, 이번에는 매일 경기장에 나가서 실제 훈련하는 모습을 그려보기도 했다.

몇 달 뒤, 병원에서 퇴원한 그녀는 모스크바 올림픽에 출전했고, 기적처럼 은메달을 목에 걸었다. 이후 그녀는 올림픽 선수들에게 성공의 비결을 알리는 강사로 활동하고 있다. 그녀는 만나는 사람에게 항상 이렇게 말한다.

"금메달 리스트가 되고 싶으세요? 그렇다면 지금 당장 당신의 시계를

5분 빠르게 바꿔 놓으세요. 그러면 5분의 여유가 생기겠죠? 그 5분 동안 금메달을 상상하는 겁니다.'나는 꼭 고등학교를 수석으로 졸업할 거야''이번 프로젝트를 반드시 성공시키겠어.'등 당신의 금메달이 무엇이든지 간에 5분 동안 상상하세요. 그 상상이 당신의 인생을 바꿀 것입니다."

- EBS 다큐프라임 상상에 빠지다 제작팀,《우리 아이 상상에 빠지다》

이미지 트레이닝으로 아이를 괴롭히는 부모는 되지 말았으면 한다. '너는 꼭 고등학교를 수석으로 졸업할 거야' 라는 말보다는 아이에게 부모 자신의 인생에 대한 비전을 말해주고 그것을 이미지 트레이닝 하는 모습을 직접 보여주는 게 더 효과적이다.

부모가 자신의 비전을 이미지 트레이닝으로 현실화시키는 것을 옆에서 지켜본 아이들은 거울삼아 따라 하게 될 것이다. 상상훈련은 자발적이어야 가능하지 부모가 아이의 상상까지 강요할 수는 없다.

자녀가 의사가 되기를 원하는 부모는 아이가 어렸을 때부터 의사상을 주입하여 이미지 트레이닝을 시킬 수 있겠지만 아이의 적성이 의사에 맞지 않다면 설령 의사가 되더라도 아이의 인생은 고달프다.

나는 의대에 가고 싶어서 갔고, 적성도 맞기 때문에 지금 행복하다. 그러나 내 주변에 있는 의사들의 고충을 들어보면 "의사 생활은 너무 힘들어.""환자들을 대하면 너무 괴로워."라고 푸념하는 사람이 적지 않다. 결코 행복해 보이지 않는다. 자녀에게 부모의 욕심으로 직업상을 부여해 줄 수는 있지만, 그것이 자칫 아이들에게 평생 의무적으로 짊어지고 가야 하는 무거운 짐이 될 수도 있다는 점을 염두에 두어야 한다.

5 | 상상실현 계획

계획의 힘

상상이 몽상에 그치지 않게 하려면 치밀한 계획과 실천이 필요하다.

상상실현을 뒷받침해 주는 원동력은 계획성 있는 삶이다. 목표에 도달하려면 수많은 장애물을 넘어야 하는데, 장애물을 뛰어넘는 방법을 미리 알고 대처하려면 먼저 계획을 철저히 세워야 한다.

공부 잘하는 아이와 못하는 아이의 차이는 미래에 대한 계획성이 있느냐 없느냐에 달려 있다고 한다. 공부 못하는 아이는 계획 없이, 설령 목표가 있다고 해도 계획과 상관없이 살아간다. 자신의 목표를 이루어낼 거라는 신념이 부족해서 계획의 힘을 무시한 채 현재에 머물러 살아간다. 자신이 뜻한 바와는 상관없이 유희와 쾌락을 즐기면서 자신의 에너지를 소모한다.

하지만 공부 잘하는 아이는 계획을 실천하고 목표를 추진해 나간다. 목표는 계획대로 살면 이루어진다는 신념하에 노력을 투자한다. 자신이 뜻한 바를 위해 몰입하고 집중하며 자신의 에너지를 투자하는 것이다. 기분 좋은 상상만을 한다고 그대로 이루어지지 않는다는 것을 잘 알고 있다. 그래서 꿈만 꾸지는 않는다. 그 상상실현을 위해 예비하는 삶을 계획성 있게 살아가는 것이다.

계획성 있는 삶의 대표적인 인물로 벤저민 프랭클린이 있다.

그는 미국독립선언서 초안을 작성한 정치가이자 신문사의 사장이었으며, 학교를 세운 교육자였고, 피뢰침을 발명한 과학자이기도 했다. 정치, 외교, 출판, 과학, 교육 등 다양한 분야에서 위대한 업적을 남긴 위인이다. 그의 비범한 삶에는 철저한 계획성이 담겨 있다.

> 20세가 된 벤저민 프랭클린은 매우 색다른 인생계획을 세운다.
>
> 그는 1년 365일을 1주일씩 나눈 자신만의 수첩을 만들어 거기에 인생에서 가장 소중한 일이 무엇인지 알려주는 금언들을 적었다. 그런 다음 그 아래에 목표와 수행성과를 적을 칸을 별도로 마련했다.
>
> 그는 특히 13개의 가치 있는 덕목(절제, 침묵, 질서, 결단, 검약, 근면, 진실, 정의, 온건, 청결, 침착, 순결, 겸손)을 골라 일주일에 하나씩 골라 집중적으로 실천하기로 계획했다. 그렇게 13주를 실행하고 나면 다시 같은 과정을 반복하여 1년에 4번씩 실천했다고 전해진다.
>
> 그는 자신이 가치 있다고 판단한 일을 성공적으로 수행하기 위해 구체적인 시간계획을 짰고 실질적인 생활 개선을 위해 자기 관리 수첩도 이용했다. 철저한 계획 수립과 자기 관리를 통해 그는 당대 최고의 존경받는 인물이 될 수 있었던 것이다.
>
> \- 김일희,《작심 후 3일》

브라이언 트레이시는 만일 5분 동안 성공에 도움이 될 만한 딱 한 마디를 해주라고 한다면 "목표를 설정하고, 그것을 성취하기 위한 계획을 세우고, 날마다 그 계획을 실천하기 위해 노력하라."는 말을 해주고 싶다고 했다.

아이들이 계획성 있는 삶을 살길 원하면 미래를 예측하게 도와줘야 한다.

아이들에게 미래가 계획대로 이루어지고 있음을 미리 알려 주는 것은 아무것도 아닌 것 같지만 매우 중요하다. 아이가 앞으로 있을 일을 예측하게 도와주고, 예상대로 미래가 펼쳐지고 있음을 무의식중에 알려 줘야 미래를 자신의 의지로 바꿀 수 있다는 개척정신을 아이들 맘속에 심어줄 수 있기 때문이다.

나는 네 살, 다섯 살인 딸들이 미래를 예측하게 도와주고자 이렇게 시간개념을 심어주었다.

"앞으로 한 달 지나면 네가 기다리던 생일이란다."
"앞으로 일주일 지나면 너의 생일이란다."
"앞으로 삼일만 자면 너의 생일이란다."

때로는 달력에 있는 날짜에 동그라미를 치면서
"6월 6일 현충일에 외할아버지, 외할머니 댁으로 기차 타고 갈 거란다."라고 미리 알려준다. 그리고 앞으로 10일 지나면, 9일 지나면, 8일 지나면 하는 식으로 알려주었다.

"영어를 잘하게 되면 미국 디즈니랜드로 놀러갈 거란다. 거기는 여기 에버랜드보다 더 환상적이고 멋있는 곳이란다."라고 꿈도 심어주었다. 이 말을 그대로 믿고 딸아이는 친구들과 선생님들에게 "나는 앞으로 미국 갈 거예요."라고 자랑하고 다녔다.

나는 아이들이 계획성 있는 삶을 살도록 다음과 같은 방법을 사용했다.

● 정해진 시각에 자고 정해진 시각에 일어나기

- 하루 세끼 규칙적으로 식사하기
- 하루 계획, 이번 주 7일 계획, 이번 한 달 계획을 하루 중 5분만이라도 달력을 보면서 같이 나눠보기
- 유치원에서 매주 나눠주는 주간계획서 내용을 아이들에게 미리 알려주기
- 아이와 약속한 것은 미루지 않고 꼭 지키기

(※ 부모가 아이와 한 약속을 지키는 것은 아이에게 계획성 있는 삶을 가르치는 매우 좋은 방법이다.)

계획은 아주 쉬운 것부터 시작하면 된다. 아이들이 좋아하는 놀이부터 같이 계획을 짜고 실천하면 어떨까? 공부를 잘하려면 잘 놀아야 한다. 사실, 난 딸들과 놀이계획표 세우기를 좋아한다.

놀이가 공부만큼 중요하다는 사실에 대해서 소아정신과 의사인 김태훈은 이렇게 설명한다.

> '똑'과 '딱'은 전혀 다른 방향으로 움직이는 에너지이지만 그것들이 모두 있어야만 시간은 전진할 수 있다. 우리의 삶도 마찬가지다. 서로 다른 에너지일지라도 그것들이 나름대로 수행하는 역할은 반드시 존재한다. 이질적인 요소들이 균형적으로 조화를 이뤄야만 우리의 인생은 의미 있는 방향으로 전진할 수 있는 것이다.
>
> 예를 들어 공부는 중요하지만 그렇다고 24시간 내내 공부만 할 수는 없다. 때로는 숙면을 취해야 하고 때로는 운동장으로 나가서 뛰어 놀아야 한다. 여기에서 공부가 '똑'이라면 수면과 운동, 놀이는 '딱'이다.

> 서로 대립되는 것처럼 보이지만 둘 다 아이의 삶에서 반드시 필요한 요소이다.
>
> 어려서부터 시계의 원리가 마음속에 올바르게 정립되어 있는 아이들은 누가 시키지 않아도 자기 나름대로의 균형감각을 발휘해서 계획을 짤 수 있다.
>
> 자기가 좋아하는 놀이와 게임시간도 반드시 넣기는 하지만 공부시간을 초과하지는 않는다. 귓속에서 나는 똑딱똑딱 시계소리가 그것을 허락하지 않기 때문이다. 균형감각이 올바르게 형성된 아이들은 노는 시간이 길어지면 누가 시키지 않아도 그것을 단호하게 끝낼 줄 안다.
>
> - 김태훈,《시계의 원리》

어떤 부모들은 "아이들은 많이 놀려야 한다. 그래야 중고등학교에 들어가서 공부를 잘 한다."라는 말을 하기도 한다. 또 어떤 부모들은 "어렸을 때부터 공부하는 습관을 들여야 한다."라고 조기교육을 강조하기도 한다.

나의 입장은 이 두 의견의 중간이다. 두 아이가 무조건 노는 것을 원하지 않지만, 앉아서 공부만 하는 것도 원하지 않는다. 다만 '똑딱의 원리'인 균형감각이 올바르게 형성되기를 원할 뿐이다. 그들의 연령대에 맞게 '똑'이 '유치원 다니기, 독서, 피아노 배우기, 그림 그리기' 라면 '딱'은 놀이터에서 신나게 놀기, 산에 오르기, 집에서 역할놀이하기, 워터파크나 놀이동산가기, TV시청 등이다.

'똑'이 몰입, 집중의 시간이라면 '딱'은 휴식, 쾌감의 시간이다.

집중을 잘 하려면 휴식을 취하여야 하고 재밌고 즐겁게 잘 놀아야 한다. '딱'이 인생의 목적이 되어서는 안된다. '뚝'이 인생의 푯대가 되어서 '딱'을 잘 다스리고 이끌어야 한다.

연예계의 스타들은 무대 위에서 자극적인 극도의 쾌감을 경험한다. 팬들의 열광적인 환호를 받을 때 비로소 자신의 정체성을 느끼고 살아 있음을 실감한다. 이런 순간을 위해서 연예인들은 최선의 노력을 다한다. 이렇게 자극적이고 극도의 쾌감을 갈구하는 삶은 몸과 마음에 긴장감을 유발시켜서 우울증을 만들기도 한다.

쾌락은 얻기 쉽다. 쾌락은 감각적으로 소비하는 것이지 미래를 위한 투자는 아니다. 쾌락은 욕구충족을 위한 것일 뿐, 삶을 가치 있게 변화시키지는 않는다. 소망이 없을 때는 쾌락의 늪으로 빠져들기 쉽다. 쾌락을 추구하는 삶은 행복함을 주기보다는 허탈함과 공허함을 줄 뿐이다.

목표를 갖고 계획대로 살아가는 삶은 쾌락이 아니라 몰입, 자부심, 만족, 기쁨, 성취감이라는 정서를 동경한다. 자신의 재능과 강점을 발휘하여 지금 이 순간 몰입할 때 행복감을 느낀다. 몰입하는 활동은 미래를 상상하며 지금의 시간을 투자하는 것이다.

몰입상태란 다음과 같다.

> 몰입이란 자기목적적인 경험을 하는 상태이다.
>
> 자기목적적인 활동이란 다른 보상 없이 그 활동을 한다는 자체만으로 만족감을 느끼고 만족 자체가 보상으로 작용하는 활동이다. 따라서 그 만족감 자체가 성취감이 되어서 계속하여 그 활동을 하고 싶어지는 것이다.
>
> 몰입 상태에 있는 사람은 자신의 행동을 의식하지만 의식한다는 사실 자체는 의식하지 않는다. 그 정도로 의식과 행동이 통합되어 있는 것이다.
>
> 몰입의 조건을 3가지로 말한다
>
> 첫째, 목표가 명확해야 한다.
>
> 둘째, 난이도가 적절해야 한다.
>
> 셋째, 결과에 대한 피드백이 빨라야 한다.
>
> \- 미하이 칙센트미하이, 《몰입의 기술》

아이의 몰입상태는 어떨 때 이루어질까?

마틴 셀리그만은 "전념하며 시간 가는 줄 모르고 무언가에 집중하는 몰입상태는 심리적 성장을 나타내는 반면에 쾌락에 빠진 경우는 생리적 포만감을 나타낸다."라고 말한다.

TV 시청, 군것질하기, 짜릿하고 스릴 넘치는 놀이기구 타기 등은 아이가 쾌락에 빠진 상황이지 무언가에 적극적으로 몰입하고 있는 상황은 아니다. 몰입은 목표를 위해 현재를 투자하는 시간이기 때문이다. 아이의 지적 욕구를 넘어서는 조기학습 또한 아이의 몰입도를 현저히 낮춘다. 난이도가 적절해야 몰입이 이루어진다. 게다가 부모의 강요 때문에 억지로 책상에 앉아 있는 것은 스트레스만 가중시킬 뿐 몰입도를 저하시킨다. 만족감 자체가 보상이 아니라 부모에게 보이려는 것이 보상이기 때문이다.

사람은 자신의 능력에 맞는 일을 할 때, 자신이 흥미 있는 일을 할 때, 그리고 목표가 명확할 때 흠뻑 빠져드는 진정한 몰입을 경험한다. 수면, 운동, 게임, 자유놀이, 휴식 등은 아이의 몰입도를 높이는 수단이라고 볼 수 있다.

아이의 몰입도를 높여주는 방법은 다음과 같이 정리할 수 있다.

첫째, 신나는 신체활동을 충분히 한다. 그래야 스트레스가 해소된다. 마음속에 불편한 감정이 쌓이면 아이의 집중에너지를 빼앗아간다.

둘째, 몰입을 하려면 자신의 감정을 잘 조절할 줄 알아야 한다. 아이와 감정에 대한 대화를 많이 하고 어렸을 때부터 적절히 규제를 해줌으로써 아이의 감정조절능력을 키워줘야 한다.

셋째, 아이가 무언가에 몰입할 수 있도록 구체적인 목표의식을 뚜렷이 심어준다. "나는 ~을 해내고 말거야!"라는 결단을 내릴 수 있게 옆에서 도와주고, 그 목표 아래 실천할 수 있도록 조언을 해준다.

넷째, 무언가를 배우는 학습과정은 아이 스스로 주도적으로 하도록 만든다. 부모가 시켜서 하면 아이의 몰입도는 낮아진다. 남이 시켜서 하면 아이는 기분이 나빠서 집중을 제대로 못한다. 반대로 자기가 하고 싶어서 하면 기분이 좋다고 한다. 마찬가지로 스스로 배우고 싶어서 하면 만족감과 성취감이 높아져서 몰입도가 현저히 상승한다.

다섯째, 미래를 위해서 투자하는 값진 행위를 할 때는 곧바로 칭찬해준다. 예를 들어서 아이가 영어 알파벳을 배우고 엄마한테 A, B, C를 쓸 줄 안다고 자랑하면 "영어공부를 열심히 하더니 이제는 알파벳도 쓸 줄 아는구나. 앞으로 계속 노력하면 영어책도 읽을 수 있겠네." 하면서 칭찬해 준다.

여섯째, 몰입 뒤에 생겨나는 만족감과 성취감을 즉각 일깨워 준다. 큰아이가 레고로 라푼젤의 성 만들기를 꼬박 다섯 시간을 앉아서 완성한 적이 있다. 나는 뿌듯해하는 아이의 감정에 같이 기뻐해 주고 그 노력을 인정해 주었다. 성 만들기를 끝내면 무엇을 해주겠다는 보상은 전혀 없었다. 딸아이는 보상이 있을 때보다 보상이 없을 때 더 열심히 한다. 본인이 하고 싶어서 한 것이기 때문에 그렇다. 이런 경우 성취감과 만족감은 배가된다.

아이가 무엇이든지 스스로 하고 싶어서 할 때가 집중도 잘되고 만족감도 최고가 된다. 아이가 이것을 하면 엄마가 이것을 해주겠다라는 식으로 조건을 걸면 그 순간부터 재미와 흥미가 사라진다.

일곱 번째, 쾌락과 몰입의 차이를 아이에게 분명히 설명해 준다.

"얘야, 아이스크림 가게 테이블에 앉아 초코 아이스크림을 먹으면 기분이 좋아지겠지만 산꼭대기에 힘들게 올라가서 시원한 얼음물 마시는 기분과는 비교가 안된단다."

아이가 텔레비전을 한 시간 이상 보고 나서 뒹굴고 있으면 나는 이렇게 말한다.

"네가 텔레비전을 많이 보고 나니까 몸과 머리가 둔해져 버렸네. 허전하고 마음이 쓸쓸하겠네."

그러나 아이가 한 자리에서 책을 열 권 이상 읽고 일어났을 때는 아이의 머리를 손가락으로 통통 튀겨보며 이렇게 말한다.

"책을 많이 보고 나니까 머리에 지식이 많이 들어간 소리가 나네. 마음도 뿌듯하겠네."

쾌락과 몰입 뒤에 피드백의 차이를 즉각적으로 알려주려는 나의 시도이다.

아이의 나쁜 습관도 계획을 세우면 쉽게 없앨 수 있다.

작은아이는 돌전부터 부드러운 베갯잇을 얼굴에 비벼대곤 했고, 잘 때는 꼭 베갯잇을 끌어안고 잤으며, 집에서 놀면서도 옆에다 베갯잇을 두는 습관이 있었다. 이런 대물애착 행동은 아이가 속상하거나 불안하거나 화날 때 감정전환능력을 키워주는 방법이므로 나는 이에 대해서 잔소리를 일체 하지 않았다. 집에서만 그러지 유치원에서나 바깥놀이를 할 때는 베갯잇을 집에 두고 다니기 때문에 그렇게 걱정하지도 않았다. 그런데 아이의 대물애착증세가 만 3세가 지났는데도 사라질 기미를 보이지 않았다.

좋은 습관 만들기도 목표와 계획을 세우면 가능하듯이 나쁜 습관 없애기도 목표와 계획을 세우면 가능하다. 특히 '세 살 적 버릇이 여든까지 간다.' 라는 속담이 있듯이 세 살 때는 아이의 습관을 재정립할 필요가 있다. 세 돌이 되면 과거, 현재, 미래라는 시간개념이 생기고, 감정조절능력이 어느 정도는 가능하기 때문이다. 엄마 젖을 물고 자거나 손을 빨며 자는 등 고쳐야 할 나쁜 습관이 있다면 세 돌 때 아이와 함께 목표를 세우고 계획대로 한번 실천해 보라고 권하고 싶다. 나는 딸 아이의 대물애착증세를 이렇게 고쳤다.

목표

- 아이 스스로 7일 후에 베갯잇을 쓰레기통에 버리기
- 매일 같이 베갯잇과 안녕할 마음의 준비하기

계획

- 아이가 베갯잇을 쓰레기통에 버리는 날은 놀이동산 가서 신나게 놀기
- 베갯잇과 헤어질 날이 7일 남았다, 6일 남았다, 5일 남았다는 식으로 마음의 준비를 하도록 매일같이 신호음을 울려주기
- '우리 딸은 결심한대로 실행할 수 있다'고 자신감을 불어넣어 주면서 격려해 주기

아이는 계획을 실행해 나가는 동안 베갯잇을 끌어안고 다니면서 좀 불안해했고 짜증을 평소보다 많이 냈지만 놀이동산 갈 생각에 스스로 감정조절을 하는 것 같았다. 결국 아이는 계획대로 스스로 쓰레기통에 베갯잇을 버렸고, 놀이동산 가서 신나게 놀고 온 다음부터는 베갯잇 없이 새근새근 잘 잤다. 그 후에 가끔 베갯잇을 찾곤 했지만 잘 넘어갔다.

만 3세가 넘으면 시간개념과 감정조절능력이 어느 정도 자리 잡기 때문에 이 시기에 아이와 함께 목표를 세우고 계획대로 실행해 나가면 '좋은 습관 만들기' 와 '나쁜 습관 없애기'는 성공할 확률이 높다.

낙관적인 태도를 갖도록 한다

계획대로 열심히 실천하며 살아가다 보면 목표를 달성하기도 하지만 그렇지 못할 때도 있다. 장애물을 넘지 못하면 낙심할 수도 있다. 실패를 무릅쓰고 목표달성을 향해 굳세게 나아가려면 장애물을 뛰어넘지 못하는 상황을 어떻게 받아들이느냐가 매우 중요한 관건이다.

비관적인 성향을 가진 사람들은 미래에 대한 걱정 때문에 계획을 주도면밀하게 세우는 면이 있다. 어떤 사람은 낙천적이어서 계획 짜기를 귀찮아하는 반면, 비관적인 사람은 10년 계획, 5년 계획, 1년 계획, 한 달 계획을 짜놓아야만 안심이 된다. 비관적인 사람들은 치밀한 계획대로 잘 실천하며 살아가지만 비관적인 성향 때문에 몇 번의 실패를 겪으면 낙담하고 포기하고 만다. 이 경우 실패의 주원인은 비관적인 태도에 있다.

나쁜 일이 일어났을 때 이를 받아들이는 태도에는 두 가지가 있다.

비관적인 사람은 나쁜 일이 일어나면 언제나, 늘, 맨날 그랬다는 식의 표현을 쓴다. 반대로 낙관적인 사람은 나쁜 일이 일어나면 당분간, 오늘, 요즘 등으로 나쁜 일이 어느 한정된 시간에만 발생했다는 식의 표현을 쓴다. 다음 표는 두 가지 태도의 차이를 설명해주고 있다. 마틴 셀리그만의《낙관적인 아이》에서 참고하였다.

지속적으로 보는 비관적 태도	일시적으로 보는 낙관적 태도
너는 언제나 불평을 하는 구나	너는 공부가 힘들 때면 불평을 하는 구나
너는 맨날 장난감을 늘어놓는 구나	너는 요즘 들어 장난감을 늘어놓는 구나
너는 늘 동생을 때리는 구나	너는 오늘 보니 동생을 때리는 구나
그 친구는 날 싫어해. 다시는 나랑 놀려고 하지 않을 걸	오늘 그 친구가 나한테 화가 났어. 그래서 당분간은 나랑 놀려고 하지 않을 거야.

엄마가 아이들에게 잘 하는 말 가운데 하나가 "너는 왜 맨날 양말을 아무데나 벗어놓니?"이다. 이 경우 '맨날' 은 부정적인 면을 강조하는 부사이다. 내 딸들도"엄마는 맨날 내 말은 안 들어주고."하면서 '맨날' 이라는 말로 나를 나쁜 엄마로 못 박아 버린다. 나는 의식적으로 '맨날'이란 단어를 쓰지 않는데도 딸들은 어디서 그 말을 배웠는지 곧잘 쓴다.

부모들은 '맨날' '늘' '언제나' '항상' 과 같이 지속성을 띤 부사로 부정형을 확대 해석하는 비관적인 언어습관을 은연중에 아이들에게 물려주고 있다. 아이들에게 잘못된 점을 지적할 때는 '요즘' '오늘' '당분간' 처럼 일시적인 현상으로 한정시켜서 낙관적인 여지를 남겨주는 게 좋다.

다음 표는 나쁜 일이 발생했을 때 전부가 그렇다는 식으로 반응하는 낙관적 태도와 일부만 그렇다는 식으로 반응하는 비관적인 태도의 차이를 설명하고 있다.

전부로 보는 비관적인 태도	일부로 보는 낙관적 태도
사람들은 이기적이야	그 친구는 이기적이야
그 엄마는 누구에게든지 화를 잘 내는 사람이다.	그 엄마는 아이들에게 화를 잘 내는 사람이다.
얘는 사람을 잘 때린다	얘는 동생을 잘 때린다
아무도 날 좋아하지 않아	그 아이는 날 좋아하지 않아
선생님들은 다 차별대우해	우리 선생님은 차별대우해
새로 전학간 학교에는 나랑 친구가 되고 싶은 아이가 한 명도 없을 거야	새로 전학간 학교에서 친한 친구를 사귀려면 원래 시간이 좀 걸려

비관적인 사람은 한 가지 실패를 전 영역으로 확장시켜서 자존감을 떨어뜨리지만, 낙관적인 사람은 실패를 일부로 제한시키면서 새로운 가능성을 찾아 자신감을 갖고 다시 전진해 나간다.

비관적인 사람은 한 사람에게 마음의 상처를 받으면 다른 사람들도 자기에게 피해를 줄 거라고 의심하며 확대 해석하지만, 낙관적인 사람은 그 사람으로부터 받은 상처를 직시할 뿐 다른 사람까지 불신하지는 않는다.

따라서 아이와 대화할 때는 낙관적인 언어습관을 활용하도록 노력해야 한다. 아이가 학교생활에서 겪게 될 문제에 대해서 부모에게 털어놓을 때 아이는 나쁜 일을 전부로 확대 해석할 가능성이 있다. 이때 언어 속에 나타난 비관적인 태도를 정확히 지적해 주고, 현실을 직시하도록 유도한다.

"친구들이 날 미워해." 라고 아이가 말하면

"네 짝꿍만 널 미워하는 거 아니니?"라고 말을 바꿔 준다.

"선생님들은 날 꾸중하고 싶은가 봐."라고 아이가 말하면

"수학 선생님만 오늘 네가 수업시간에 떠들어서 혼낸 거 아니었니?" 라는 식으로 말을 바로잡아 준다.

아이가 나쁜 일을 전체 영역, 모든 사람으로 확대해석할 때도 마찬가지이다. 정확히 바로잡아줘야 한다. 아이가 문제 상황에 맞닥뜨렸을 때 낙관적이 되느냐, 비관적이 되느냐는 어떤 말을 하느냐에 크게 좌우된다.

평소 아이와 부모가 쓰는 용어 가운데 무의식적으로 튀어나오는 비관적인 단어가 있지는 않은지 점검해야 한다. 계획을 아무리 열심히 세워도 비관적인 태도로 접근하면 목표달성이 힘들어진다. 계획성과 낙관성은 서로 동반자가 되어야 성공률이 높아진다.

계획성은 아이들이 장애물에 걸려 넘어지지 않는 방법을 가르쳐 주는 안전장치와도 같다. 그리고 낙관성은 아이들이 장애물에 걸려 넘어지더라도 낙담하지 않고 목표를 향해 다시 나아가도록 추진력을 불어넣어주는 에너지와 같은 것이다.

Part 03

감정 다스리기

1 | 쉽게 따라하는 감정조절법

2~6개월 된 아기들이 처음에 진료실에 들어올 때는 울지 않고 생글생글 웃는다. 그런데 진료실에서 콧물 석션을 몇 번 당하거나 예방접종 주사를 몇 번 맞고 나면 그 다음부터는 진료실에 들어와서 콧물 석션을 하지 않고 주사를 놓지 않는데도 입을 삐죽거리고 눈물을 글썽거리다가 끝내 울음을 터트리고 만다. 콧물 석션과 주사라는 외부 자극이 주어지지 않았는데도 진료실에만 들어오면 마치 콧물 석션을 당하고 주사를 맞은 것처럼 울어대는 것이다. 진료실에서 나타나는 아기의 울음은 특정상황에 조건화된 감정반응이다.

그런데 이 조건화된 감정반응은 아기의 감정조절능력이 성장함에 따라 변한다. 그래서 감정조절능력이 빨리 생기는 아기들은 진료실에 들어와도 콧물 석션을 할 때만 잠깐 울고 금세 웃음을 되찾는다.

다음은 감정에 대한 ABC 인지모델이다.

● A(activation event): 자극을 가리키는 것으로 아기가 진료실에 들어

오는 상황이다.

- B(belief): 생각을 가리키며 아기가 콧물 석션을 하면 무척 아플 것이라는 믿음을 갖는 것이다.
- C(consequence): 생각의 결과로 나타나는 감정을 가리키며 아기가 진료실에 들어와서 느끼는 공포와 두려움을 말한다.

공포와 두려움이라는 감정적 결과를 바꾸려면 다음과 같은 방법을 생각해볼 수 있다.

A. 자극을 바꾸려면
→ 아기가 진료실에 들어가기도 전에 너무 울면 다른 의원으로 가본다.

B. 생각을 바꾸려면
→ 콧물을 석션하면 순간은 괴롭지만 석션하고 나면 시원하다는 생각을 평소에 심어준다.

C. 감정적 결과를 바꾸려면
→ 콧물을 석션한 뒤에 아기가 울면 멜로디 인형을 틀어주거나 박수를 쳐주면서 감정을 빨리 전환시키는 방법을 쓴다.

이 ABC 인지모델을 육아에 적용해 다음과 같이 설명해 본다.

자극 바꾸기

부모가 아이에 대해서 부정적 감정을 갖게 만드는 자극 요인들을 미리 없애는 방법이다. 아이에게 부정적인 말을 할 필요가 없도록 아이가 만져서는 안 될 물건들을 아예 눈에 보이지 않도록 치워 버리는 전략이다. 예를 들면 다음과 같은 방법을 쓴다.

- 두 아이가 장난감을 가지고 서로 싸우기 전에 장난감의 소유자를 분명히 해놓는다. 이건 언니 것, 이건 동생 것이라고 이름을 써 놓는 것이다. 그래도 싸우면 그 물건을 빼앗아서 아이들 눈에 안 보이는 곳으로 치워놓는다.
- 아이가 밥먹기 전에 과자, 초콜릿을 먹겠다고 우기면 애초부터 그런 것을 사놓지 않는다.
- TV를 본다고 아이를 자꾸 야단치게 되면 TV를 아예 치워 버린다.

자동적으로 드는 생각 바꾸기

리프레이밍(reframing)은 자동적으로 드는 생각을 바꿈으로써 부정적인 감정을 긍정적인 감정으로 전환시키는 기술이다. 사람들은 경쟁자가 자신을 나쁘게 지적하면 그 사항에 대한 반증을 구체적으로 제시하면서 낱낱이 반박할 수 있다. 그러나 이와 똑같은 비난이 자신의 마음속에서 들릴 때는 반박하기 힘들어진다. 자신의 내면에서 나오는 생각은 무조건 신뢰하고 싶은 본능 때문이다. 이러한 본능을 극복하고 자신의 생각의 실체를 파악해서 반박하는 방법으로서 앨버트 앨리스와 러셀 그리거가 개발한 ABCDE 방법이 있다.

A(adversity) 불행한 사건
B(belief) 잘못된 생각
C(consequence) 잘못된 생각으로 인한 부정적인 감정
D(disputation) 잘못된 생각에 대한 자기반박
E(energization) 활력을 얻어서 긍정적인 감정으로 전환

여기서 자기반박은 리프레이밍 과정, 즉 사고전환을 일으킴으로써 긍정정서를 키우는 단계이다. 다음은 내가 자동적으로 드는 생각을 반박하면서 긍정적인 감정으로 전환시킨 사례들이다.

주일날 교회에 가려고 준비하고 집을 나서려는 상황

A. 자극: 예배시간에 늦을까 봐 일분일초를 다투는 시간인데 아이가 이 옷 저 옷 입고 벗기를 반복한다.
B. 생각: 이러다가 예배시간에 늦겠다.
C. 감정적인 결과: 어서 준비하라고 아이 엉덩이를 확 때려주고 싶다.
D. 사고전환: 아이를 때려서 또 한참을 달래주느니 차라리 예배에 지각하는 것이 낫다. 예배시간에 지각하는 것을 아이가 경험함으로써 다음에는 늦지 않도록 깨닫게 하자.
E. 감정전환: 다급한 마음이 좀 누그러진다.

긴급한 전화를 받고 있는 상황

A. 자극: 아이가 전화 그만하라고 옆에서 칭얼댄다.
B. 생각: 엄마가 전화하는데 아이가 이러는 것은 버릇없는 짓이다.
C. 감정적인 결과: 짜증난다.
D. 사고 전환: 긴급한 전화인지를 아이는 이해하지 못해서 그럴 것이다. 아이가 알아듣도록 차분히 설명해 주자.
E. 감정 전환: 짜증난 감정을 누르고 좀더 부드러운 태도로 바뀐다.

사실 리프레이밍을 실제로 행동으로 옮기기는 참 어렵다. 감정이 흥분되어 있는데 급히 사고전환을 한다는 것이 쉽지 않다. 그것이 가능하려면 나의 뇌가 평소에 긍정적인 정서를 선호하고 거기에 익숙해져 있어야 한다. 그래야 뇌가 부정적인 감정에 휘둘리고 있을 때 '아차' 하면서 리프레이밍하고 싶은 동기가 솟구친다. 감정은 습관에서 나오기 때문이다.

뇌는 무의식적으로 작동한다. 뇌는 나에게 유익한 것을 선택하는 것이 아니라, 그저 평소에 유지했던 익숙한 상태를 필사적으로 지키려고 한다. 뇌는 유쾌하고 행복한 감정이라고 해서 더 좋아하지 않는다. 유쾌한 감정이건 불쾌한 감정이건 익숙한 감정을 선호한다. 불안하고 불쾌한 감정일지라도 그것이 익숙하다면 뇌는 그것을 느낄 때 안심한다.

-박용철, 《감정은 습관이다》

내가 아이에게 짜증을 내거나 화를 내는 상황은 분명히 평소에 반복적으로 이루어지고 있을 것이다. 이러한 상황을 ABCDE 방식을 따라 메모지에 적어본다. 그리고 이 ABCDE 상황을 이미지 트레이닝을 통해 상상훈련을 하면 도움이 꽤 될 것이다. 신경을 건드리는 아이의 행동이 발생했을 때 그에 대한 반응을 바꾸는 연습을 머릿속으로 반복해서 해보는 것이다. 그렇게 하다 보면 실제로 반응을 바꾸는데 도움이 된다.

- 교회에 가려는 다급한 상황에서 옷을 번갈아 입는 아이에게 소리 지르지 말고 교회에 늦을까 봐 걱정된다고 차분히 설명해 주는 나의 모습을 상상한다.
- 목욕탕에서 물놀이하느라 나오지 않으려는 아이에게 성급하게 반응하는 대신 물놀이를 함께 재미있게 즐기는 내 모습을 상상한다.
- 급한 전화를 받고 있는데 전화를 끊으라고 보채는 아이에게 짜증을 내는 대신 긴급한 사항이니 좀 참아달라고 단호히 말하는 모습을 상상한다.

감정 바꾸기

자극에 대해 자동적으로 드는 감정을 순간적으로 바꿔야 할 상황이 많다. 아이에게 화를 버럭 내고 싶거나 때리고 싶은 감정이 치밀어 오르는데 그런 감정을 순간적으로 조절하지 못하면 아이에게 언어폭력이나 신체폭력을 가하게 되는 것이다.

그 긴박한 찰나에 부정적인 감정을 긍정적 감정으로 바꾸는 방법 가운데 아주 효과적인 방법은 숨을 깊고 고르게 쉬거나, '하나, 둘, 셋' 하고 수를 세는 방법이다. 그 밖에도 유익하게 쓸 수 있는 간단한 신체동작들이 있다. 부정적인 감정이 생길 때 무의식적으로 습관처럼 행할 수 있도록 감정전환연습을 해두는 게 도움이 된다. 강박장애환자가 불안할 때마다 반복적인 행동을 해야 안심이 되듯이 간단한 신체동작을 반복적으로 하면 감정을 완화시키는데 도움이 된다.

감정을 순간 전환시키는 방법

- 새가 날개를 펴고 날개짓을 하듯이 양팔을 쭉 뻗어서 내렸다 올렸다를 반복한다.
- 고개를 뒤로 쭉 젖혀서 천장을 쳐다본 다음 고개를 숙여서 바닥을 쳐다보는 행위를 반복한다.
- 가슴을 손으로 반복적으로 쓸어내리면서 참으라고 스스로 달랜다.
- 손뼉을 반복적으로 치면서 정신을 가다듬는다.
- 긴장된 목근육을 두 손으로 부드럽게 마사지해 준다
- 긴장된 턱관절 부위를 양손으로 마사지한다.

이러한 신체 동작과 함께 기분 좋은 상상을 하면 감정전환 효과가 커진다. 부정적인 감정을 반복적으로 만들어내는 잦은 상황들을 찾아내서 그런 상황에서 긍정적인 감정을 가지는 상상훈련을 꾸준히 하면 감정전환능력이 커진다.

2 | 건강하게 몰입하는 아이로 이끌기

자율신경계는 교감신경계와 부교감신경계로 구성되어 있다. 이들은 시소처럼 서로 상반된 작용을 하는데, 교감신경계가 활성화되면 부교감신경계는 불활성화되고, 부교감신경계가 활성화되면 교감신경계가 불활성화된다.

부교감신경은 비상상태에 대비하여 몸에 에너지를 비축하고 충분한 휴식을 취하도록 한다. 반대로 교감신경은 위급한 상황에 처하면 에너지를 소모하고 신체를 활성화시킨다. 위급한 상황을 알리는 감정들에는 긴장감, 불안감, 초조함, 불쾌감, 분노심, 증오심 등이 있는데, 우리 몸에서 이런 감정들이 생기면 교감신경계가 자극된다.

교감신경계가 활성화되면 심장박동수와 호흡수가 증가하고 혈당이 상승하면서 근육에 힘이 축적되고 입이 바짝바짝 마르고 식은땀이 난다. 근육으로 혈액량을 많이 보내기 위해서 소화관으로 가는 혈액량을 줄이므로 위장 운동이 저하되어 소화가 잘되지 않는다.

긴장감, 불안감, 초조함, 불쾌감, 분노, 증오심 등의 감정이 해소되지 못하고 계속 지속되면 교감신경계만 활성화되고 부교감신경계는 활성화되지 못하여 몸이 휴식상태로 가지 못한다. 이러한 불균형 상태에서는 뇌가 계속 비상체제로 인식하고 있어서 편안하고 깊은 수면을 취할 수가 없다. 소화가 안되어 먹지도 못하고 잠이 부족한 상태가 지속되다 보면 스트레스지수는 계속 높아만 간다. 위장관이 혈액공급을 제대로 받지 못하면 서서히 위장병도 찾아온다.

이렇게 과도하게 활성화된 교감신경계를 잠재우려면 부교감신경계를 자극시켜야 한다. 부교감신경계를 자극시키는 방법으로는 수면, 명상, 안정감, 음식섭취, 껌씹기 등이 있는데 이 가운데서 영향력이 가장 큰 자극제는 바로 수면이다.

수면을 유도하는 호르몬은 멜라토닌이다. 멜라토닌은 뇌의 송과선에서 [트립토판 → 5-히드록시트립토판 → 세로토닌 → 멜라토닌]의 과정을 거쳐서 생성된다. 눈에 빛이 들어오지 않아 어둠이라는 사인이 내려지면 세로토닌에서 멜라토닌으로 대사된다. 전구체인 세로토닌이 낮에 많이 축적되어야 밤에 멜라토닌이 많이 생성된다.

송과선은 눈에 빛이 들어오지 않으면 멜라토닌을 분비하기 시작하여 순환량을 거의 10배로 늘려서 깊은 수면을 촉진시키고 신체의 피로감을 해결해 준다. 멜라토닌은 6시간에서 8시간 정도 지나면 빛에 의하여 감소된다. 일시적인 불면증이 있는 경우 잠들기 한두 시간 전에 멜라토닌을 복용하기도 한다.

지나치게 활성화된 교감신경계를 잠재우려면 잠들기 전까지 세로토닌 신경계를 많이 활성화시켜야 한다. 그래야 밤에 수면을 유발하는 멜라토닌을 충분히 분비시킬 수 있다.

일찍 자고 일찍 일어나는 습관을 길러준다

세로토닌과 멜라토닌은 수면과 깨어남의 사이클을 조정한다.

세로토닌은 햇빛에 의하며 자극되고 멜라토닌은 어둠에 의해 촉발된다. 세로토닌은 교감신경에 작용하면서 각성상태를 일으키기도 하지만, 거꾸로 지나치게 흥분한 각성상태를 통제하기도 한다. 신체기능을 적당히 활동적인 상태로 만들어주는 것이다. 세로토닌은 기분을 차분하게 가라앉히는 물질이므로 잠이 오는 기분을 이끌어내는 효과도 있다.

아이가 밤늦게 잠드는 습관을 고치고 싶다면 일찍 자는 것을 강요할 게 아니라 일찍 일어나는 습관을 먼저 가르쳐야 한다. 송과체는 멜라토닌 분비를 중지시키는 햇살노출시간을 기억하고 이 시점으로부터 계산하여 밤에 멜라토닌을 분비하기 때문이다. 멜라토닌 분비가 일찍 감소했다면 다음 사이클에서는 일찍 분비할 준비를 미리부터 하고, 멜라토닌 분비가 늦은 시각까지 계속되었다면 다음 사이클에서는 늦게 분비해도 된다고 늑장을 부린다.

일찍 자고 일찍 일어나야 멜라토닌과 세로토닌이 각자의 시간에 충분한 효과를 발휘한다. 아침이 밝았는데도 일어나지 않는 것은 이미 멜라토닌 분비량이 감소된 상태로 잠을 자는 것이다. 눈은 감고 있어도 얕은 잠을 잔다. 또한 아침 늦게까지 자면 세로토닌 신경이 활성화되야 하는 시간인데도 세로토닌이 충분히 활성화되지 못하므로 잠에서 깨어나도 개운치 않다. 세로토닌이 각성상태를 일으키기 때문이다.

세로토닌은 전전두엽의 기능도 조절한다. 전전두엽은 고도의 인지능력을 수행하는 부위로, 인간의 모든 행위를 최종적으로 명령한다. 감정과 충동성을 조절해 주는 뇌영역이기도 하여서 세로토닌 수치가 낮은 사람들은 충동적이고 공격적이다. 사소한 일에도 크게 화를 내거나 폭력적인 행동을 하게 된다. 통찰력, 집중력, 주의력도 떨어지게 된다.

이런 의미에서 세로토닌 신경망은 충동적이고 반항적인 사춘기 아이들에게 필요하다. 사춘기 때 급증하는 성호르몬의 변화를 감당하지 못하고 방황하는 사춘기 아이들을 조절해 주는 신경전달물질이기도 하다. 세로토닌이 충분해야 감정조절능력과 집중력이 높아져서 공부도 잘한다.

세로토닌 신경망을 활성화시키는 방법으로는 여러 가지가 있는데, 햇빛쬐기, 리듬운동하기, 트립토판 식품 먹기, 씹기 등 크게 네 가지로 요약할 수 있다. 아리타 히데호의《세로토닌 100% 활성법》과 캐롤 하트의《세로토닌의 비밀》에 소개된 내용을 참고로 해서 정리하면 다음과 같다.

세로토닌 100% 활성화하는 법

햇빛쬐기

햇빛쬐기는 세로토닌 신경망의 기본 시스템을 형성한다. 눈으로 빛이 들어와야 세로토닌 신경망이 활성화된다. 특히 아침햇살은 세로토닌-멜라토닌의 싸이클을 조절하는 기본 추와 같다.

하루는 24시간이지만 사람의 생체리듬은 25시간이다. 만약 아침햇살이 없다면 인간의 기본 생리는 시계보다 한 시간 더 늦춰지기 때문에 어제보다 더 늦게 자려고 하고 더 늦게 일어나려는 습성이 있다. 이런 생체리듬을 아침햇살이 바로 잡아주는 중요한 역할을 한다. 따라서 아침에 눈을 뜨면 커튼을 걷어서 아침햇살을 맞아들이며 하루를 시작하는 것이 매우 중요하다.

아침햇살과 만나는 시간도 중요하지만 낮 동안에 받는 빛의 밝기와 조사량도 중요하다. 형광등의 밝기는 100~400럭스 정도인데 햇빛은 3만~10만 럭스나 된다. 세로토닌을 활성화하려면 3000럭스 정도는 필요하기 때문에 일반 실내등의 밝기로는 부족하다. 창을 열었을 때 들어오는 빛이 3000럭스 이상은 되므로 실내에서 세로토닌 신경망을 활성화하려면 창을 열어두면 좋다.

리듬운동

리듬운동이 좋다는 것은 반복적인 행동을 하라는 의미이다. 강박장애는 반복적으로 손을 씻고 청소를 하고 확인하는 등 반복행동을 함으로써 마음의 불안을 없애려고 하는 질환이다. 강박장애는 세로토닌 관련 질환인데, 어떤 동작을 반복하는 것은 그 행동이 세로토닌 활동을 촉진시켜 주기 때문이다. 그래서 강박장애 환자에게 체내 세로토닌을 증가시키는 약물로 치료하기도 한다.

아침에 일어날 때 몸이 무겁고 의욕이 없다면 같은 동작을 반복하여 세로토닌 신경망을 활성화시켜서 하루를 위한 활력소를 찾는 게 좋다. 예를 들면 누워서 다리로 자전거 타듯이 공중을 휘젓거나 다리를 올렸다가 내리기를 반복하기, 다리를 쭉 펴고 앉아서 가슴이 다리에 닿을 때까지 숙였다가 세우기를 반복하기, 일어서서 허리 돌리기를 반복하기 등의 동작이다. 낮시간에는 반복적인 동작으로 빠르게 걷기가 좋다. 그밖에도 자전거 타기, 수영하기, 힘들지 않게 조깅하기, 계단 오르내리기 등이 좋다. 실내활동으로는 뜨개질하기, 악기다루기, 그리기, 요리하기 등이 좋다. 너무 무리하면 교감신경계가 활성화되니 적당히 하는 것이 좋다.

걷기

약간 빠른 걸음으로 리드미컬하게 걷는 게 좋으며, 자신의 걸음에 의식을 집중하며 걷도록 한다. 산책하면서 주변 풍경을 두루두루 둘러보면서 천천히 걸어서는 세로토닌을 빨리 활성화시킬 수 없다. 세로토닌을 자극시키려면 주변 사람과 대화하지 말고, 주변 환경에도 생각을 뺏기지 말고 오직 걷는 일에 열중해야 한다. 열심히 걷는 것은 생각보다 쉽게 되지 않으므로 걷기보다 자신의 보폭이나 호흡에 맞춰 가볍게 달리는 조깅을 하는 것도 좋다.

빨리 걷는 것에 익숙해지면 걷는 것에 집중하고자 점점 걷는 속도를 높이는 것이 좋다. 그러다 또 여유가 생기면 빠르게 걷기에서 가볍게 달리는 조깅으로 옮겨간다. 세로토닌 신경망의 활성화를 위해 운동강도를 조금씩 높여가는 방법이 좋다.

음식물 섭취

세로토닌 신경망은 다른 신경전달물질보다 음식물 섭취를 통한 영향을 많이 받는다. 세로토닌은 필요한 양보다 늘 부족한 상태이므로 음식물을 통해 부족한 양을 채울수록 좋다. 세로토닌이 부족한 음식을 먹으면 기분이 나빠진다는 연구결과도 있다. 기분장애가 없는 건강한 남성들에게 세로토닌의 전구체인 트립토판이 들어 있지 않은 음식을 먹인 결과 우울감에 쉽게 빠져들었다. 그리고 정상적인 식사를 하도록 한 결과 이튿날에는 정상적인 기분을 되찾았다. 그래서 세로토닌을 불안과 우울을 치유하는 행복 호르몬이라고 부르기도 한다.

세로토닌의 전구체인 트립토판(필수아미노산)이 함유된 식품으로는 견과류와 곡식류가 있다. 호두, 들깨, 검은 참깨, 현미, 감자가 좋다. 청국장과 같은 발효식품, 우유나 치즈와 같은 유제품 및 바나나 등도 권장하는 식품이다. 트립토판은 각종 채소에도 함유돼 있으므로 채식주의자는 트립토판 섭취를 크게 신경쓰지 않아도 된다. 영양소가 골고루 들어 있는 식사를 한다면 굳이 트립토판의 유무를 따질 필요가 없다. 육식을 즐기는 사람의 경우는 동물성 단백질이 세로토닌의 합성을 방해하기 때문에 육식을 할 때 채소나 바나나처럼 트립토판이 많이 들어 있는 식품을 함께 먹는 것이 좋다.

씹기

사소한 일에 쉽게 화내고 공격적이거나 문제 행동을 일으키는 아이들은 일반적으로 씹는 힘이 약하다. 음식을 잘 씹지 못하는 것은 세로토닌 신경이 약해졌다는 신호이기도 하다. 씹으면 위장관 활동이 자극되어서 소장에서 세로토닌 분비가 왕성해진다.

인체의 세로토닌 가운데 90%가 소화관에서 합성된다. 위장관에서 분비되는 세로토닌은 장 분비액과 수축연동운동을 조절한다. 세로토닌 분비에 이상이 생기면 변비나 설사, 기능성 소화불량, 과민성 대장증후군 등이 나타난다. 세로토닌이 체내에 충분히 있어야 소화도 잘된다. 그래서 많이 씹어야 소화가 잘된다는 말이 나오는 것이다.

아침식사를 꼭꼭 씹으면서 하루를 시작하면 세로토닌 신경망이 활성화되면서 활기찬 하루를 시작할 수 있다. 아침에 간단한 채소나 과일주스를 마셔서 씹지 않는다면 대신 껌이라도 5분 정도 씹는 것이 좋다. 껌을 씹은 지 5분이 지나면 세로토닌이 분비되고, 30분이 지나면 분비가 절정에 오른다. 껌을 씹으며 아침햇살 아래서 빠르게 걸으면 더 좋다.

도파민과 세로토닌 모두 행복감을 안겨주는 신경물질

두 물질 모두 행복감을 안겨주지만 그 방법은 서로 다르다. 세로토닌은 과도하게 활성화된 교감신경계를 잠재우면서 불안한 마음을 편안하게 잡아준다. 도파민은 교감신경계를 자극시키면서 적당한 긴장감과 활력소를 불어넣어 무언가에 몰입을 하게 도와주고 짜릿한 쾌감을 느끼게 해준다. 세로토닌이 편안함을 주는 호르몬이라면 도파민은 쾌락과 몰입의 호르몬이라고 할 수 있다.

도파민은 가장 강력한 천연각성제 중 하나로 뇌에 활력을 불어넣어준다. 도파민이 분수처럼 분비되면 뇌는 격렬한 에너지와 흥분을 생성하여 활력이 넘치고 기쁨이 최고조에 달한다. 웃음이 많아지고 행복에 도취된다. 이런 꿀맛을 한번 맛보면 그것을 지속적으로 맛보고자 다시 몰입하거나 쾌락에 빠지게 된다. 격렬한 사랑에 빠지게 되면 도파민 분비가 절정에 달하여 웃음이 끊이지 않고 기분이 날아갈 듯 좋아지게 된다. 일상에서도 맛있는 음식을 먹거나 좋은 음악을 들을 때, 무언가를 성취했을 때 도파민이 분비된다.

스트레스로 지치고 피로한 뇌에 활력을 불어넣어 주는 천연각성제인 도파민이 인간에게는 절대적으로 필요하다. 사람들마다 제각각 기본욕구를 충족시키기 위해서 도파민을 획득하는 방법들을 다양하게 갖고 있다. 어떤 이는 이성과 사랑에 빠지는 기쁨으로 삶의 어려움을 이겨낼 것이고, 어떤 이는 돈이 쌓이는 재미로 개미같이 일할 것이고, 어떤 이는 밤무대에서 황홀지경까지 흔들어대며 직장에서 받은 스트레스를 이겨낼 것이고, 어떤 이는 승진하는 기쁨으로 일에 매달려 살아갈 것이다. 나는 환아들이 나의 치료로 호전되는 것을 보면 짜릿한 쾌감을 느낀다.

도파민을 충분히 획득하지 못한 채 살아간다면 삶에 대한 동기부여가 안되어 우울하고 침체되어 삶이 무미건조하게 된다. 파킨슨병은 나이가 들며 도파민 분비세포가 일찍 퇴화되어 체내 도파민이 부족하여 발생하는 질환이다. 파킨슨 환자는 행동이 느려지고 몸이 뻣뻣하며 감정표현도 무뎌지게 된다. 성인기에 도파민 분비가 부족해지면 우울증에 걸릴 수도 있다. 아동기 때 도파민을 충분히 확보하지 못하면 집중을 못하고 산만해져서 ADHD(주의력 결핍 과잉 행동장애)로 오인받기도 한다.

도파민이 지속적으로 분비되어야 사람은 활기차게 몰입하면서 행복하게 살 수 있다. 이는 인간의 기본욕구를 충족해가는 삶의 과정이기도 하다. 도파민을 얻는 방법은 크게 두 가지로 나눌 수 있다. 도파민을 서로 다르게 분비시키는 두 부류의 원숭이들을 보여주는 연구가 있다.

짧은꼬리원숭이 20마리를 대상으로 코카인에 탐닉하는 개체의 변화를 비교한 연구가 있다. 원숭이를 한동안 개별적으로 생활하게 한 뒤 3개월 동안 4마리씩 집단을 형성해서 살도록 했다. 그러자 각 군에서 지배군과 종속군이 생겼다. 집단생활을 시작하는 지배군과 종속군의 도파민 D2 수용체의 양은(양성자방사단층촬영으로 측정) 개별적으로 생활할 때와 큰 차이가 없었다. 하지만 3개월간의 집단생활을 거친 뒤 지배군의 D2 수용체가 개별적으로 생활할 때에 비해 평균 20%가량 증가했고, 종속군의 D2 수용체는 이전과 큰 변화가 없었다. 그 후에 원숭이들에게 자유롭게 코카인을 섭취할 수 있도록 했는데 지배군의 코카인 사용량이 종속군에 비해 현저히 적었다.

-뉴로 사이언스(2002년 5월 2일자)

지배군의 원숭이는 대장이 되는 희열로, 종속군의 원숭이는 코카인 흡입으로 생에 활력소를 찾은 것이다. 그렇게 해서 각자 도파민을 획득했다. 획득 방법에 분명한 차이를 보인 것이다.

지배군의 원숭이는 3개월 동안 종속군의 원숭이를 지배하기 위해 팽팽한 신경전을 벌였다. 그렇게 해서 얻어낸 대장 자리에서 도파민을 충분히 확보했다. 그렇게 얻은 쾌감은 짧은 순간 코카인 흡입으로 자극되는 쾌감과는 비교할 수 없었다. 그래서 코카인 흡입에 별로 흥미를 느끼지 않았다.

반대로 종속군의 원숭이는 싸움에 져서 대장 원숭이를 떠받들며 살다 보니 스트레스도 쌓이고 활기를 잃었다. 그러다가 코카인 흡입을 하게 되었고, 그로 인해 분출되는 도파민으로 쾌감을 한번 맛보게 되니 그 짜릿한 희열에서 벗어날 수가 없게 된 것이다.

이런 원리는 학교 교실에서도 적용된다.

신학기를 맞고 3개월이 지나면 중간고사 결과로 공부 잘하는 아이와 공부 못하는 아이로 구분이 된다. 공부 잘하는 아이는 선생님과 급우들, 부모님으로부터 긍정적인 지지를 받아서 자기욕구가 충족된다. 그리고 그 우쭐함에 도파민이 분출된다. 이런 아이들이 오랜 시간에 걸친 노력으로 얻어낸 도파민의 맛은 게임을 통해 쉽게 순간적으로 획득하는 도파민의 맛과는 비교가 안된다. 그래서 공부 잘하는 아이들은 게임에 쉽게 빠져들지 않는다.

하지만 공부를 못하는 아이들은 학교에서 자기욕구가 충족되지 못하고 스트레스가 쌓여간다. 의욕과 활력을 잃어서 학교생활은 재미가 없다. 무슨 수를 써서라도 이 시기에 요구되는 도파민을 획득하려고 하다 보니 게임 같은 놀이로 필요한 도파민을 확보하게 된다. 짧은 기간에 특별한 노력 없이 분비되는 도파민의 달콤한 맛에 길들여지게 되면서 쉽게 게임중독으로 빠져드는 것이다.

천연 도파민과 인스턴트 도파민

공부 잘하는 아이가 좋아하는 도파민은 천연 도파민의 맛이고, 공부를 못하는 아이가 좋아하는 도파민은 인스턴트 도파민의 맛이라고 할 수 있다.

천연 도파민의 맛은 농부가 일 년 동안 땀 흘려 노력하여 수확한 유기농 식품의 맛에 비유할 수 있을 것이다. 이 도파민은 많은 시간과 노력 에너지를 투자해야만 얻을 수 있다. 천연이라서 먹을 때 혀를 유혹하는 쾌감은 없으나 건강에 유익하다. 또한 그것에서 오는 각성효과는 상쾌하고 오래 지속된다. 천연 도파민은 인체에 활력을 불어넣어서 학업에 에너지를 투자하게 만들어 준다. 이때 분출되는 도파민은 더 큰 목표를 가지고 더 노력하게 만들어 인생에 풍성한 성과를 이루어내는 밑거름이 된다.

반면에 인스턴트 도파민의 맛은 공장에서 만들어내는 인스턴트 식품의 맛에 비유할 수 있다. 혀를 확 끌어당기는 조미료의 감미로운 맛은 있으나 건강에 이롭지 못하다. 각성효과가 끝나면 공허함과 상실감이 찾아오며 우울감에 빠지게 된다. 이런 기분에서 헤어나기 위해 또 인스턴트 도파민 맛에 빠져들게 되고 점차 그 유혹에서 헤어나지 못하게 된다. 공부를 잘하는 아이들은 천연 도파민의 맛을 알기 때문에 인스턴트 도파민에는 별 흥미를 느끼지 않는다. 하지만 공부를 못하는 아이들은 천연 도파민을 맛보라고 하면 짜증부터 낸다. 인스턴트 도파민의 맛에 이미 길들여져 있기 때문이다.

그렇기 때문에 어릴 때부터 천연 도파민을 충분히 획득하도록 해서 무언가에 몰입할 수 있는 집중습관을 갖도록 해주는 것이 중요하다.

아이들에게 천연 도파민의 맛을 알게 하려면 어떤 방법이 좋을까?

힘들게 산 정상을 오르는 기분, 놀이터에서 친구들과 티격태격 경쟁하면서 신나게 노는 즐거움, 목표를 세우고 열심히 노력해 성적이 오를 때 느끼는 기분, 친구들을 배려해 주면서 인정받는 리더십, 피아노 연습을 열심히 해서 콩쿠르에 입상했을 때 맛보는 희열 등이 좋은 방법이 될 것이다.

아이들이 정신없이 학원에 다니면서 뇌 발달에 맞지 않는 학습을 억지로 해 성장기에 필요한 천연 도파민을 충분히 얻지 못하는 경우가 많다. 어릴 때 도파민이 부족하면 열중과 몰입에 이르는 방법을 자연스럽게 터득하기 힘들다. 집중하는 방법은 부모가 아이에게 가르쳐줄 수 없고, 아이 스스로 깨달아야 한다. 몰입과 집중은 스스로 무언가에 빠져드는 무아지경과 같은 깨달음의 한 과정이라고 나는 생각한다.

신나게 놀지 못하고 억지로 공부에 매달려야 하는 아이들은 한 곳에 집중을 못하고 여기저기 기웃거리며 산만해지기 쉽다. 심하면 ADHD와 유사한 증상을 나타내기도 한다. 그러다가 인터넷 게임이나 스마트폰을 통해서 인스턴트 도파민을 한번 맛보게 되면 그 짜릿한 쾌감의 유혹을 뿌리치지 못하고 쉽게 빠져든다.

만약에 아이가 공부에 흥미를 느끼지 못한다면 좋아하는 운동 같은 신체놀이 활동으로 관심을 돌려서 신나게 놀게 해주면서 도파민을 확보하도록 하는 편이 좋다. 가기 싫은 학원을 억지로 다니고, 책상에 마지못해 앉아 있는 아이들은 스트레스를 받아 교감신경계가 활성화되어 늘 불안한 상태에 놓여 있게 된다.

도파민 중독과정을 보여주는 실험

1950년에 제임스 올즈와 피터 밀너는 쥐의 뇌 작용에 대한 실험을 하던 중 놀라운 사실을 발견했다. 쥐의 뇌에 전극을 심고, 뇌를 통하는 전류를 제어하는 스위치를 쥐에게 스스로 누를 수 있는 장치를 만들어 주었는데, 스위치를 누르면 전기적인 자극이 쾌감을 유발하도록 한 것이다. 쥐는 스위치 누르기를 배우자 시간당 칠백 번이 넘도록 스위치를 눌러댔다. 먹이나 물을 주거나 짝짓기 등을 시켜도 그것을 마다하고 스위치 누르기를 선택했다. 심지어 먹이를 포기하고 스위치만 누르다가 죽음에 이른 쥐도 있었다.

이 쥐 실험에서 나타난 쾌감의 보상효과는 도파민 때문이다. 주로 뇌의 변연계인 측두핵에서 분비되는 도파민이 쾌락에 관여하는데 전기 자극이 이 부위의 도파민 세포를 활성화시키는 것이다. 코카인도 이 부위에서 도파민 과잉상태를 만들어 쾌감을 유도한다. 이 연구는 사람들이 마약, 게임 등에 중독되는 과정을 설명해 준다.

사람은 기본적인 욕구가 충족되면 쾌감을 느끼고, 더 큰 욕구 충족을 위해 전진해 나간다. 이렇게 더 큰 욕구가 충족되면 더 큰 쾌감을 느끼고, 훨씬 더 큰 욕구 충족을 위해 나아간다. 이런 순환이 반복되면 점점 중독에 빠져 드는 것이다.

물론 중독이 꼭 나쁜 것만은 아니다. 고(故) 정주영 회장처럼 일 중독이 되고, 에디슨처럼 발명 중독이 되고, 화가 고갱처럼 그림에 중독되는 것은 위대한 결과를 만들어낸다. 바람직한 일에 중독되는 것은 권장할만한 일이다. 중독의 방향만 바람직하다면 문제될 것이 없다.

바람직하지 않은 중독을 치료하는 방법은 다른 바람직한 일로 관심을 유도하는 것이다. 인스턴트 도파민 대신 천연 도파민 쪽으로 아이들의 관심을 전환시키는 것이다. 인스턴트 도파민에 중독되는 삶의 끝은 파멸로 이어지고, 천연 도파민에 중독되는 삶의 끝에는 보람된 결과가 기다리고 있다는 점을 아이들에게 일깨워주는 것이다.

부글
아빠

특별부록

물고기 가족화를 이용한 아동 심리검사

물고기 가족화를 이용한 검사는 가족 간의 관계와 역동성을 진단하기 위한 그림 진단 기법이다. 피검사자의 심리상태를 파악하는 데 유용하게 쓰이며, 그림 그리기에 대한 불안감이 있거나 미숙한 대상자들도 거부감이 크지 않아 자주 사용된다. 유아의 자아존중감 척도검사와 부모의 대화법 평가 척도검사를 하면서 물고기 가족화도 같이 그려오라고 부탁했다.

그려온 물고기 가족화를 보고 심리검사한 사례들을 아이들 가족의 동의를 얻어 소개한다. 다른 가정의 물고기 가족화들과 그림을 바탕으로 한 검사소견을 보면 부모들이 깨닫는 바가 많을 거라고 생각한다. 아이들의 세계를 그림으로 보면 흥미롭고 재미있으면서도 부모로서 자신의 모습을 되돌아보는 계기가 된다.

불편한 감정표현이 잘 안되어서 답답한 아이의 그림

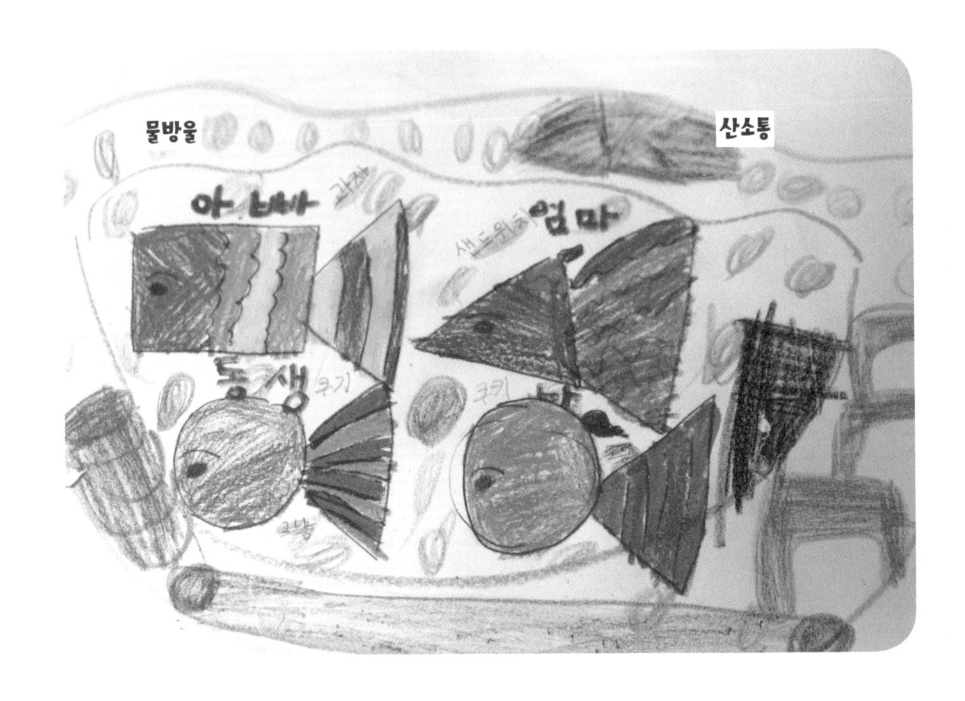

9살 여자 아이의 그림입니다. 어항에 비해서 물고기의 크기가 무척 큽니다. 아이가 작성한 자존감 척도는 자기유능감은 약간 낮은 편이고 자기가치감은 약간 높은 편이었습니다. 자아상은 좋은 것으로 보입니다.

부모님이 온화하고 수용적이므로 아이의 자아상이 좋고 자기가치감도 좀 높은 것으로 사료됩니다. 아이는 엄마를 좋아하여 엄마와 비슷한 색깔로 그렸네요 ^^

이 그림의 특징은 아이가 물방울을 매우 크게 아주 많이 그렸다는 사실입니다. 그것도 모자라 어항 위에 산소통까지 강조해서 그렸네요. 아이는 이유 없이 재발하는 복통 때문에 3차병원에서 여러 가지 검사까지 하였지만 아무 이상은 없었고, 심리적인 문제인 것으로 결론 내렸습니다. 가슴이 답답할 때 배가 아프다고 표현하는 게 아닐까 싶습니다.

불편한 부정적 감정이 아이의 마음에 쌓이면 그 감정을 수용하고 해소할 줄 알아야 하는데, 그렇지 못한 채로 차곡차곡 쌓이면 그때마다 가슴이 답답하여 배가 아프다고 호소하는 것 같습니다.

정서인식(자기자신의 감정을 아는 것), 정서지식(감정을 아는 것으로 끝나지 않고 정서를 이해하는 것), 정서활용(감정을 관리하는 힘) 능력을 아이에게 키워주는 것이 답입니다.

그러려면 부모님이 아이에게 자신의 감정을 올바로 드러내주는 모습을 먼저 보여줘야 합니다. 공감대화법 7단계 가운데 1단계인 '속마음 드러내기'를 참고해 주시고요. 아이의 정서지능을 높여주는 방법인 대화법 7단계의 3단계인 '마음 읽어주기'를 참고해서 대화를 이끌어 가시면 아이의 답답함은 많이 좋아질 겁니다.

잘~ 놀아주는 부모님 덕택에 리더십과 자존감이 높은 아이의 그림

7살 여자아이의 그림입니다. 그림의 색이 강렬하고 화려하고 힘주어서 선을 그린 느낌으로 미루어 자신을 표현하고자 하는 욕구나 마음의 에너

지가 매우 강한 것으로 보입니다. 해, 구름, 사람, 물줄기 등 어항 밖의 세계를 어항 안의 세계만큼 화려하게 표현해 준 점은 부모나 주변 사람들에 대해서 주목받고 싶은 어떤 강한 욕구를 뜻하는 것으로 보입니다.

이 두 가지를 고려해 볼 때 아이는 사회지능이 높아서 바깥 세상에 대한 호기심이 크거나 친구들을 매우 좋아하는 성향일 수도 있고 리더십이 매우 뛰어날 수도 있습니다.

어항 안의 서열은 확실하게 그렸습니다. 이 가정은 엄마의 파워가 크다고 합니다. 파워가 큰 순서대로 물고기를 나열했습니다. 이 가정에서 아이의 서열은 가장 밑이고 꼴찌이지만 주목할 점은 자신의 물고기를 언니보다 크게, 엄마 물고기와 비슷하게 그렸다는 것입니다.

집안의 분위기는 아이를 특별히 존중해 주고 받드는 분위기는 아니지만 아이의 자존감은 높은 것으로 사료됩니다. 실제로 물고기 가족화 결과에 대해서 어머니와 상담을 해보니 아이가 어린이집이나 학원에서는 친구들을 잘 챙기고 선생님을 도와주며 대인관계에서 인솔하는 능력은 높은데 집에서는 어머니께 떼를 많이 부리는 아이가 된다고 하네요.

어머니가 작성한 대화법지수가 보통 정도이고, 양육태도가 권위적으로 보이지만 아이의 자존감과 리더십이 높은 것으로 봐서는 충분한 '놀이' 덕분이지 않나 생각됩니다.

아이들과 대화법도 중요하지만 아이들과의 놀이도 매우 중요함을 보여주는 물고기 가족그림이네요. 아이들과 시간될 때 많이 많이 재밌고 즐겁게 놀아 주시구요. 어머니께서 놀이뿐만 아니라 7단계 대화법으로 좀 더 신경을 써서 대화를 이끌어 가신다면 아이의 높은 리더십과 자존감은 좋은 열매를 풍성히 맺을 거라 기대합니다.

부부애가 좋고 다정한 부모님이지만 언어폭력?

7살 여자 아이의 그림입니다.

엄마와 아빠 물고기만 서로 마주보고 있고 아이들 물고기들은 그들과 다른 방향을 쳐다보고 있네요. 부부애는 좋으신데…… 아이들은 아이들대로 따로 노나 봅니다. 부모님과 아이들 간에 상호작용은 부족한 것 같네요. 같이 시간을 하루 종일 가져도 마음의 소통이 없다면 아이들은 부모님을 멀게 느낀답니다.

중간에 있는 엄마와 아빠 물고기 그림을 주목해 보세요.

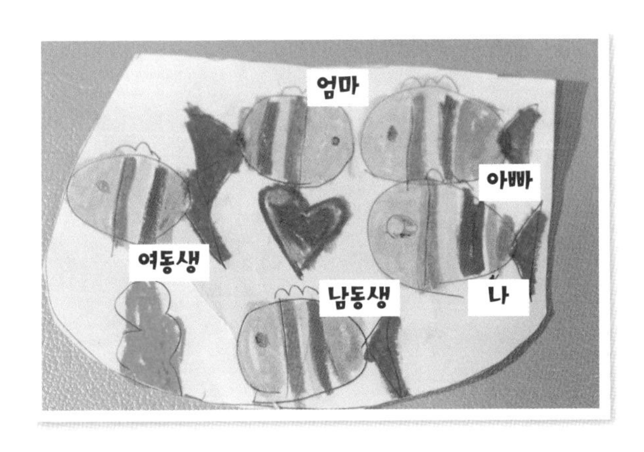

입을 강조해서 크게 그렸습니다. 아빠 물고기는 눈은 웃고 있으나 이를 뾰족하게 그렸죠? 엄마 물고기의 눈도 웃고 있지만 이를 뾰족하게 그렸어요. 까맣게 색칠해서 이가 안 보이는 거예요.

아이들에게 잘~ 해줄지라도 말은 예쁘게 하지 않는 것으로 보입니다.

아이도 느끼는 것이죠. 아이가 부모로부터 '언어폭력'을 당한다고 생각할 때는 이를 뾰족하게 그린답니다. 게다가 엄마의 입은 이도 뾰족하게 그린 것도 모자라서 검정색으로 색칠해 버렸습니다. 아빠보다 엄마에게서 아이가 말로 더 상처를 받는 듯합니다.

그래도 엄마와 아빠가 서로를 사랑하며 웃고 있어서 참 다행입니다. 어머니! 아버지! 40년 가까이 굳은 언어습관을 버리기는 정말 어렵습니다. 하지만 자식을 위해서라면 무엇인들 못하겠습니까? 부모님이 아이에 대한 사랑이 얼마나 각별한지 전 너무나도 잘 압니다.

조금만 아파도 새벽에 응급실을 수도 없이 달려가고 생소아과에도 내 집 드나들 듯이 하셨잖아요. 그런 심정으로 말만 약간 곱고 예쁘게 고치시면 되겠습니다. 저도 아이처럼 그런 점을 좀 느꼈습니다. 아이에게 하는 언어들이 좀 거칠다는 사실을 말입니다.

이 그림을 계기로 7단계 대화법 대로 날마다 조금씩 시행해 주시면 됩니다. 늦지 않았습니다…… 아이 자신의 물고기를 아빠만큼 크~게 그렸으니 다행히 아이의 자존감에는 큰 타격을 주지 않았어요. ^^

화목한 가정에 평범한 자존감을 가진 아이의 물고기 가족그림

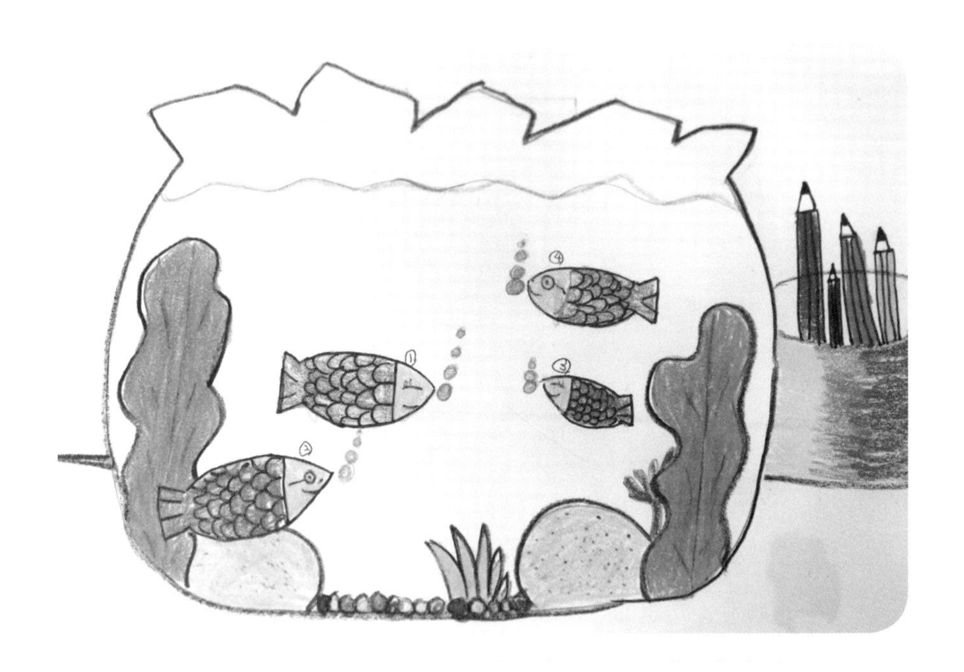

10살 여아의 그림입니다.

아이는 엄마와 가장 친한 것으로 보입니다. 그림은 물선도 그렇고 색깔 선정도 그렇고 정서적으로 안정되어 보입니다. 정리정돈을 잘하고 깔끔하고 정확한 것을 좋아하는 성격 같아 보입니다.

가족 물고기들을 똑같은 색깔과 모양으로 그린 점과 서로 마주 보는 모습은 가족 간에 상호작용이 많이 있음을 뜻합니다. 화합적인 분위기로 보입니다.

그런데 물고기마다 물방울을 그린 점은 공감과 소통의 부족을 의미합니다. 실제로 어머니가 작성한 대화법척도는 아이와 공감하고 소통하는 쪽은 아닙니다.

아이는 자신을 가장 작게 그린 점과 오빠보다 밑에 그린 점은 자존감이 높지는 않다는 것을 보여줍니다. 실제로 아이가 작성한 자존감척도도 그렇게 나왔습니다.

정리를 하자면, 아이는 정서적으로 문제는 없고 화목한 가정이지만 아이의 자존감을 높여주기 위해서 부모님이 특별한 대화법을 따라서 하지는 않고 보통 여느 가정이 하듯이 자녀양육을 하고 있다는 뜻입니다.

아이의 자존감을 높여주고 싶다면 부모님이 아이와 평소에 나누는 대화의 질을 좀 더 높여주시면 됩니다.

7단계 대화법을 참고하세요. ^^

아빠는 음식에 배고프고 아이들은 사랑에 배고픈 물고기 가족화

10살 여자아이의 그림입니다.

이 아이는 세 살짜리 남동생이 생긴 다음부터 복통, 두통 등이 생겨서 대학병원에서 각종 검사를 하곤 했는데요. 결국 심리적인 원인이었습니다. 그러고 2년 정도 지나니 현재 아이의 신체 증상은 매우 좋아진 상태입니다. 그래서 그런지 그림이 밝고 깔끔하고 정돈되어 보이지요?

남동생 때문에 엄마를 뺏겨서 무척 속상했는데 이제는 남동생이 어느 정도 자라서 같이 놀아 주는 친구가 되니 남동생이 있음에 무척 만족하고 있네요. 누나가 놀자고 하니 남동생이 "응!" 하고 대답해 주니 말입니다. 처음에는 스트레스 대상이었지만, 이젠 놀이의 대상이 된 거지요.

이 집 아빠는 맛있는 것을 해달라고 엄마에게 거의 항상 조른다고 하네요. 그림에서도 "배고프다"라고 짜증을 내고 있어요. 엄마도 무어라고 하면서 좋아하지는 않네요.

아이는 부모님보다 밑에 그렸지만 자신을 화려한 색깔로 그렸네요. 아이가 작성한 자아존중감척도를 보면 자기유능감은 좀 낮으나 그래도 자아가치감은 약간 높은 편입니다. 물의 선도 적당하여 그렇게 욕구불만이 있어 보이지는 않습니다. 부모님이 같이 시간을 보내주지 않는데도 같이 놀아 주는 소중한 동생이 있기에 불만은 없는 거지요.

이 가정에 미션을 드리겠습니다. 아버지께서는 집에서 배가 많이 고프시겠지만 아이들도 아버지의 사랑에 배고파한답니다. 아버지! 아이들에게 사랑을 많이 표현해 주세요. 어머니가 맛있게 해주는 밥상에서 온 가족이 즐거운 시간을 보내 주시고요.

어머니의 대화법척도 평가결과는 7단계 대화법에서 다른 부분은 평균보다 좀 높으나 '속마음을 드러내기' 부분이 다른 부모님들로다 좀 낮은 편이니 속마음을 잘~~ 드러내주는 방법에 대해서 블로그의 7단계 게시판에 글을 올렸으니 참고 바랍니다.

아이의 자존감은 높으나 서로 상호작용이 부족한 물고기 가족화

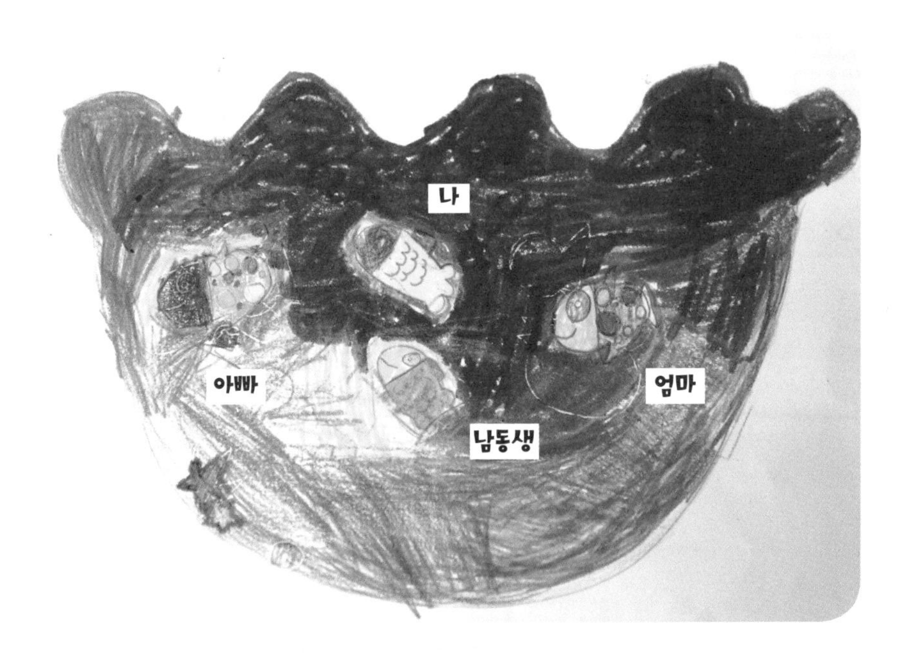

10살 여자아이의 그림입니다. 출근하는 아빠에게 아이들이 인사를 하고 있고 엄마는 세 살 난 남동생을 좇아다니고 있는 그림이라고 하네요. 이 아이는 자신을 어항의 중심에 그렸고 엄마, 아빠 물고기보다 조금 위에 그렸습니다. 크기도 엄마 물고기와 비슷하게 그린 것을 보니 자아존중감은 좀 높아 보입니다. 실제로 아이가 작성한 자아존중감척도는 보통이나 높은 쪽으로 체크를 한 편입니다.

어머니가 작성한 대화법척도는 7단계 대화법 하위 영역 가운데 질문하기와 상상하기 영역이 높았는데 특히 상상하기 부분이 더 높았고 나머지 영역들은 평균보다 약간씩 높았습니다.

물고기들이 웃고 있으니 가정이 화목해 보입니다. 그런데 가족그림에서 가족 간에 상호작용이 부족한 것이 눈에 띕니다. 물고기들이 서로 다른 곳을 향해 헤엄치고 있으니까요. 아이는 부모님들과 더 많은 시간을 보내고 싶은데 그렇지 못해서 그런지 물을 어항 가득히 채워서 그렸습니다. 이 점은 욕구 불충족을 의미합니다.

아빠에게도 놀아주는 면보다는 권위적인 면이 더 강화되었습니다. 아이에게는 아빠가 인사를 받는 존재로 기억되고 있으니까요. 엄마조차도 동생만 좇아다니고 있으니 아이와 같이 하는 시간이 좀 부족해 보입니다.

이 가정에 미션을 드리겠습니다. 아이와 깔깔거리면서 놀 수 있는 게임을 주말마다 한자리에 모여 한 가지씩 하면 어떨까요? 아니면 함께 먹으면서 이야기를 나누든지 시간을 함께 같이 보낼 이유를 만들어 보세요. 어머니는 자기 전에 아이의 마음에 공감해 주고 서로의 마음을 전하는 소통의 대화를 해주시길 바랍니다. 아이에게 결과보다는 과정을 칭찬해 주시고요. 아이가 못해도 인정해 주시고 격려를 많이 해주세요.

아이는 부모님으로부터 인정받기를 좋아하네요.

서로간에 상호작용이 부족한 물고기 가족화

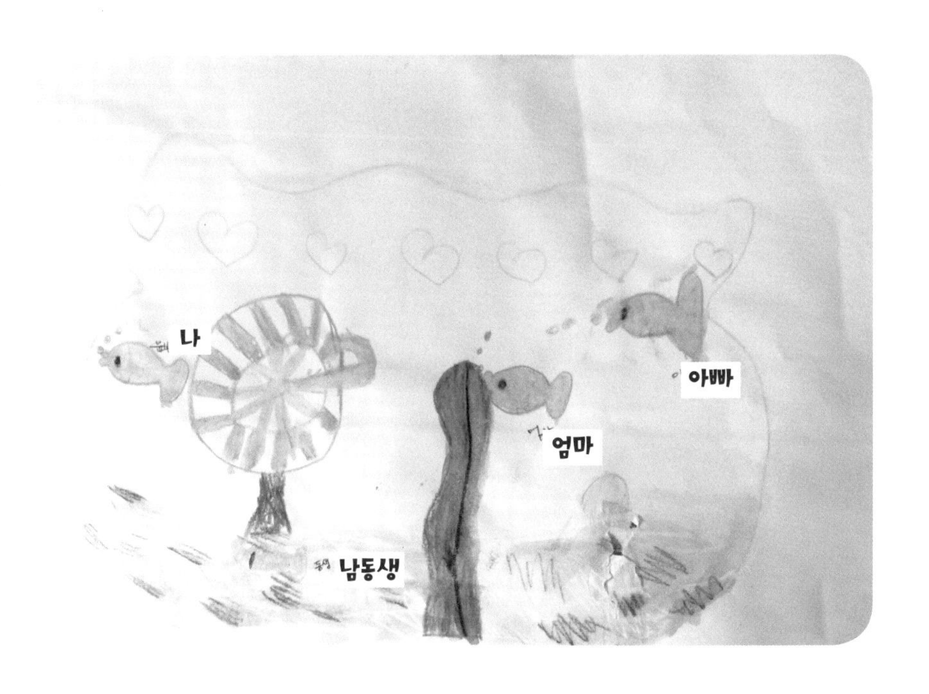

올해 9살 여자아이의 그림입니다. 그린 순서는 엄마, 나, 동생, 아빠입니다. 이 그림의 특징은 물고기 크기가 서로 비슷하고 아이와 부모 물고기가 비슷한 위치에 있다는 점으로 볼 때 엄마와 아빠의 권위가 없어 보입니다. 아이 물고기와 부모 물고기가 물레방아와 수초로 분리되어 있어 부모님과 상호작용이 매우 부족하다는 것을 알 수 있습니다. 남동생까지 밑바닥에 그린 것을 보니 아이는 집에서 외로워 보입니다.

어항에 비해서 물고기들이 작은 점은 자아존중감이 낮음을 뜻합니다. 아이는 실제로 자아존중감 척도의 문항에 보통이거나 낮은 쪽에 체크를 많이 했으며 복통, 두통, 변비를 자주 앓는다고 체크했습니다. 심리적인 원인으로 인한 신체증상으로 볼 수 있겠습니다.

그럼 이 가족에게 미션을 드리겠습니다. 아이에게 좋은 자아상을 심어줄 수 있는 말들을 많이 해주세요. "넌 엄마, 아빠의 하나밖에 없는 소중한 딸이다." "너는 무엇이든지 마음만 먹으면 잘 할 수 있단다." "우리는 널 믿는단다."라고 격려를 많이 해주세요. 칭찬은 아이가 잘 했을 때 해주는 긍정적 평가이고요. 격려는 아이가 못해도 앞으로 더 잘~ 할 수 있다고 믿어주는 신뢰입니다.

아이는 칭찬도 필요하지만 꾸준한 격려도 필요합니다. 부모의 격려는 평범한 아이를 특별하게 만듭니다. 아이의 상태와 기분에 상관없이 꾸준히 쏟아주는 부모의 격려는 아이가 앞으로 문제 상황에 처하게 될 때 긴요하게 사용될 저축예금과도 같습니다. 격려 잘하는 부모는 아이에게 더 할 나위 없는 버팀목이 됩니다.

일도 중요하시겠지만 집에서 아이들과 공감과 소통의 대화를 많이 해주시고요. 간단한 놀이로 서로 깔깔대면서 웃는 시간을 많이 가졌으면 좋겠습니다. 물고기들이 안 웃고 있잖아요. 거실에 TV는 꺼주시고요….

아빠를 동경하는 물고기

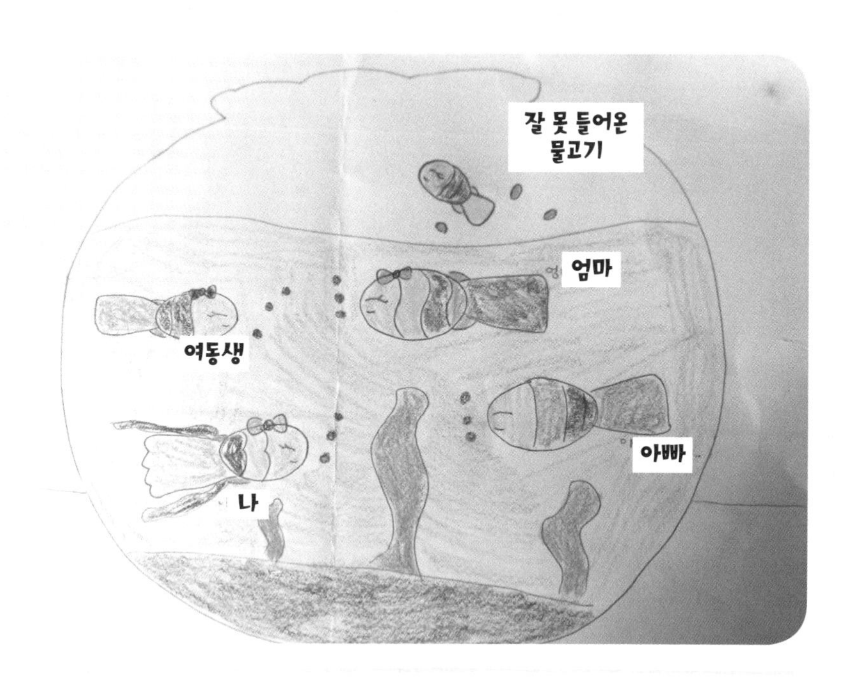

8살 여자아이의 그림입니다.

아빠, 엄마, 동생, 나, 잘못 들어온 물고기입니다. 아이 자신의 물고기를 크고 화려하게 그린 점은 자아상이 좋다는 것을 의미합니다.

정돈된 깔끔한 이미지와 색깔의 부드러운 조화와 적당한 물의 선은 매우 정서적으로 안정되어 있음을 뜻합니다. 서로 웃으면서 마주 보고 있는 점은 가족끼리 상호작용이 충분함을 알 수 있습니다.

잘못 들어온 물고기는 물 밖으로 튀어나가게 그린 점은 자신의 단란한 가족에 누군가가 끼는 것을 싫어하는 것이죠. 아이가 자신의 가정에 매우 만족하고 있음을 뜻합니다.

그런데 한 가지 주목할 점이 있습니다. 아빠를 먼저 그린 점과 아빠를 쳐다보고 있는 자신의 물고기를 그린 점은 아빠에 대한 존경, 동경심이 있어 보입니다. 그런데 해초로 둘의 사이를 분리해 놓았습니다.

아빠와 더 긴밀한 상호작용을 원하는데 그러지 못하고 있는데서 느끼는 어떤 거리감을 표현한 것 같습니다. 하여간 아빠를 무척이나 좋아하나 봅니다.

제가 진료실에서 지켜본 아빠의 모습은 매우 가정적이고 온화하며 여자들에게는 부담 없이 친밀하게 느껴지는 스타일입니다.

앞으로도 쭉~~~ 아이에게는 아빠의 역할이 매우 중요할 것입니다.

이 가정에 미션을 드리겠습니다. 대화법 7단계 중에서 5단계 '칭찬하기'를 아빠가 특히 많이 해주세요.

아이의 능력을 인정해 주시면 아이가 무척이나 좋아할 거예요.

3단계 '마음을 읽어 주라' 대로 아이와 대화를 가져 보세요.

아빠가 아이와 마음을 터놓고 진실한 대화의 끈을 이어가는 것이죠.

사춘기가 되어서까지요. 그러면 너무 좋을 겁니다.

욕심은 많으나 자기유능감이 낮은 물고기

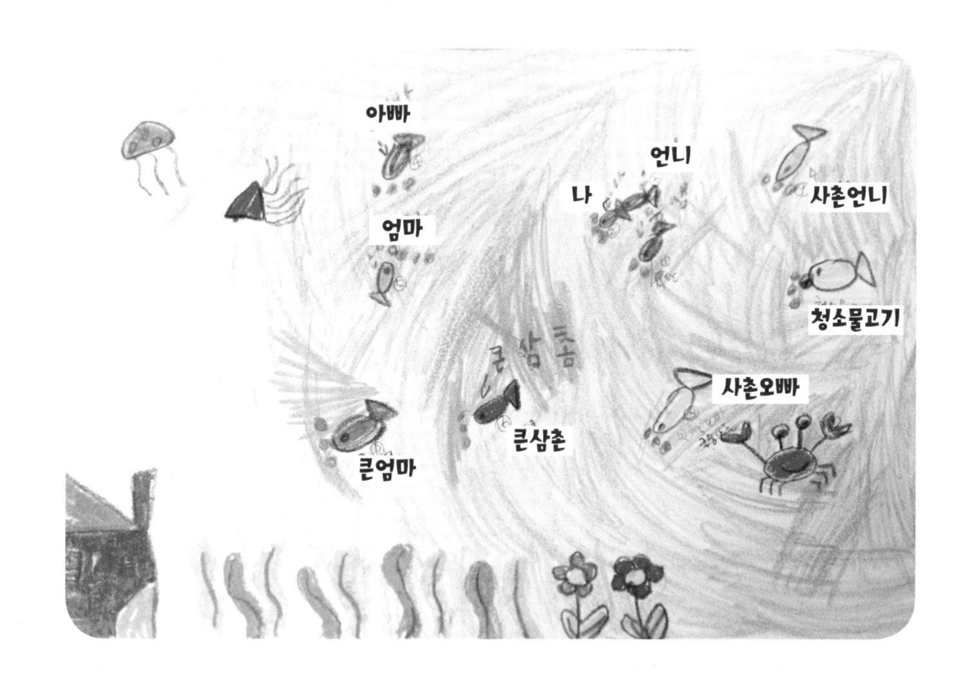

올해 8살 여자아이의 그림입니다. 아이에게 어항을 그리라고 했더니 바다처럼 그렸습니다. 아이는 도화지 전체가 어항이라고 표현했습니다. 욕심이 무척 많은 아이인 거지요….

그런데 무척 큰 어항에 비해서 물고기들은 크기가 너무 작습니다. 이것은 아이가 무언가에 위축된 모습입니다. 자아존중감이 좀 낮은 것 같습니다.

엄마와 아빠 물고기의 크기가 아이들 물고기의 크기와 비슷합니다. 이것은 엄마와 아빠의 권위를 아이가 인정하지 않고 있다는 뜻입니다.

부모님 물고기와 아이들 물고기를 멀리 그린 점도 부모님과 아이들 간에 상호작용이 부족함을 알 수 있습니다. 아이는 자신의 물고기를 언니 물고기와 가장 가까이 그린 것을 보니 한 살 많은 언니와 시간을 가장 많이 보내나 봅니다. 세 살 남동생을 자신보다 크게 그린 점은 남동생보다 자신의 자기가치를 낮게 측정하고 있다는 말입니다.

이 가정에 미션을 드리겠습니다. 아이에게 남동생만큼 예뻐한다고 강조해 주시고요. 부모님과 함께 집에서 수시로 즐겁게 노는 '놀이' 가 부족해 보입니다. 잔소리보다는 아이와 재밌게 놀아 주세요.

굳이 돈 들여 밖에 나가서 놀 필요 없습니다. 가정에서 '흉내놀이' '간지럽히기 놀이' '이불놀이' '엉덩이로 이름쓰기놀이' 등 간단한 놀이를 시작해 보시고요. 아이와 집에서 깔깔대면서 웃을 수 있는 그런 놀이를 해보세요. 물고기들이 안 웃고 있잖아요?

아버지는 주말에 피곤하고 힘들지라도 아이들과 즐거운 신체놀이를 해주시길 바랍니다. 아버지의 놀라운 신체파워를 아이들과 몸으로 놀면서 확실하게 좀 보여주시고요.

아버지! 여자아이들과 몸으로 놀 수 있는 시간은 앞으로 3-4년밖에 안 남았습니다.

자아정체성이 혼동스러운 물고기

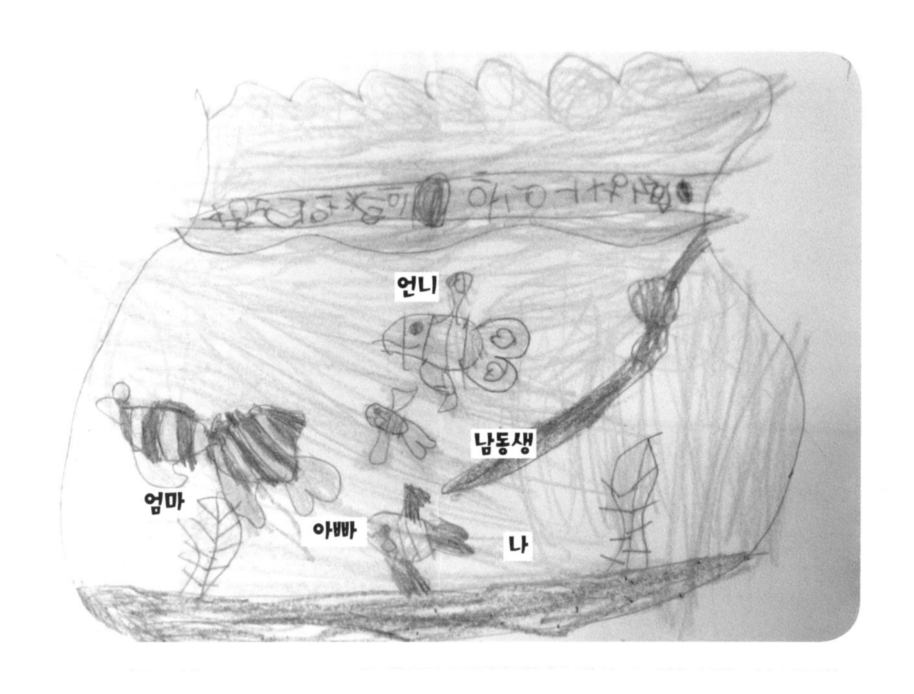

올해 7살 여자아이의 그림입니다.

엄마와 아빠는 사이가 좋으신가 봅니다. 둘이 뽀뽀를 하고 있으니까요. 엄마와 아빠를 먼저 그리고 맨 앞에 그린 것을 보면 부모님이 허용적이기보다는 권위적인 분위기임을 알 수 있습니다.

실제 부모님이 작성하신 대화법척도도 매우 권위적인 대화를 하고 있는 것으로 보입니다. 아이는 자기 자신을 가장 밑에 그렸습니다. 이것은 자존감이 낮음을 보여줍니다. 실제 척도검사에서도 좀 낮게 측정이 되었습니다. 아이의 그림은 여자인데도 불구하고 혼란스럽고 거친 느낌이 있습니다.

이를 보면 아이의 자아정체성이 혼동스러움을 알 수 있습니다. 어항 가득이 물을 색칠한 점도 욕구가 불충족되고 있음을 알 수 보여줍니다.

아이의 자존감에 대해서 작성한 척도 평가결과와 어머님이 작성했던 대화법 척도 평가결과를 참고로 하여 이 가정의 미션을 드리겠습니다.

블로그에서 7단계 대화법에 대해서 글을 연재하고 있습니다.

이 글을 잘 보시고 참고하여 아이와 대화를 이끌어 가시면 아이의 자아존중감은 상승할 것입니다.

"나는 매우 소중한 존재이며 앞으로 할 수 있는 일들이 많을 것이다!" 라고 아이는 생각하면서 자아가치와 자기유능감을 높여갈 것입니다.

자존감은 초등학교에 들어가면 기본골격이 잡히니 아직 안 늦었습니다. 지금부터 신경써 주시면 아이의 자존감을 높여줄 수 있습니다.

복통을 자주 앓는 물고기

9살 여자아이의 그림입니다.

이 아이는 '자아정체성이 혼동스러운 물고기'를 그린 아이의 언니입니다. 이 아이도 동생이 그린 물고기 가족화처럼 부모님보다 밑에 그렸습니다. 권위적인 가정임을 알 수 있습니다. 그래도 물고기들이 한 곳을 쳐다보면서 공통점이 있는 것으로 봐서는 가족 간에 상호작용이 충분히 있음을 알 수 있습니다.

주목할 점은 남동생을 가장 위에 그렸다는 점입니다. 부모님이 아이들 가운데 남동생을 가장 아끼고 사랑해 주시나 봅니다.

어항 가득히 물을 채우고 호스를 그린 점은 어떤 답답함을 호소하고 있습니다. 9살의 여자아이 치고 그림이 단조로우므로 아이의 에너지는 좀 낮아 보입니다.

실제로 아이가 작성한 자아존중감 척도지는 '보통이다'에 주로 많이 체크를 했거나 자아존중감이 낮은 쪽에 체크를 했습니다. 아이는 복통을 자주 앓는다고 표시를 한 것으로 봐서는 이 복통은 심리적인 원인일 가능성이 있습니다. 동생처럼 아이도 자기 유능감과 자기가치를 스스로 좀 낮게 측정하고 있습니다.

이 가정의 미션은 동생에게 드린 미션과 동일합니다. 블로그에 실은 7단계 대화법의 글을 참고로 하여서 아이의 자존감을 높여주는 대화를 부모님께서 날마다 실천하시면 열매가 보일 겁니다.

아직 늦지 않았습니다. 아이의 자존감을 높여 주세요. ^^

부모님이 잘해 주는데도 공허한 물고기

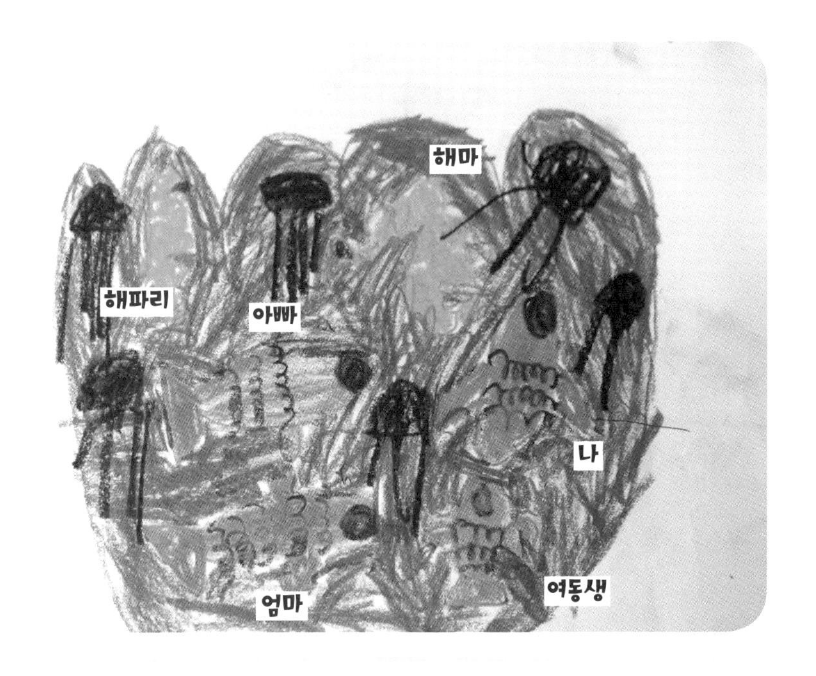

올해 8살 남자아이의 그림입니다.

물고기들의 크기가 어항에 비해서 크고 아이 자신을 부모만큼 크게 그린 점을 보면 아이는 자신이 존중받고 있다고 생각합니다. 또한 주변에서 사랑을 많이 받고 있음을 보여줍니다. 아이의 자아상은 좋은 편입니다. 아이는 자신을 매우 소중한 존재임을 인식하고 있습니다.

엄마와 아빠 물고기가 아이 물고기만을 쳐다보고 있는 것을 보면 아이를 무척 사랑해 주고 아껴 주고 있음을 알 수 있습니다. 여동생조차도 오빠 물고기의 뒤를 좇아가고 있는 것을 보면 아이는 이 가정의 중심인 것만은 맞는 것 같습니다.

그런데 물고기들의 눈들이 크고 웃지 않고 있는 것을 보면 무언가에 대한 공포, 두려움이 맘속에 내포되어 있는 것 같습니다. 어항의 물도 가득 채워서 색칠한 점도 불안한 마음을 보여주고 있습니다.

아이 물고기와 부모님 물고기 사이에 해파리를 그려놓음으로써 분리시켜 놓았습니다. 부모님과 어떤 괴리감을 느끼는 듯합니다. 아이 물고기가 부모님 물고기를 바라보는 것이 아니라 하늘을 쳐다보고 있음은 가정 안에서 어떤 답답함을 느낀다는 말입니다.

혹시 가끔씩 나타나는 아버지의 무서운 모습에 대해서 아이의 마음 깊이 두려움을 갖고 있지는 않는 건지… 예민한 성격의 아이는 부모님이 조금만 '버럭'했거나 약간의 벌을 주었음에도 불구하고 아이 나름대로 마음속 깊이 몇 년간 되씹어서 피해의식을 갖기도 합니다. 아이의 뒤끝이 매우 길다는 것이죠.

이 가정에 미션을 드리겠습니다.

첫째, 아이와 아빠가 깊은 대화를 한 번 나눠 보세요. 마음 속 깊이 쌓인 아빠에 대한 부정적 감정이 있지는 않나 따뜻한 대화로 풀어헤쳐 보시구요.

둘째, 가정에서 아이의 행동을 규제하는 부모님의 규칙이 일관성 있지 못하고 왔다 갔다 하지는 않았는지 또는 아이에게 정서적 안락함을 주는 규제가 너무 부족하지는 않았는지 점검해 보세요.

아이의 마음을 평안하게 잡아주는 것은 울타리입니다. 울타리 안에 있는 양들은 질서를 지키며 안심하고 평화롭게 지냅니다. 하지만 울타리를 벗어나 넓은 초원에 풀어헤쳐진 양들은 이리저리 뛰어다닙니다. 자유로워 보이지만 곳곳에 위험요소가 도사리고 있어서 불안할 수 있습니다.

마찬가지로 규제 안에 있는 아이들은 도덕적, 정서적, 신체적 안락함을 느끼며 평안해 합니다. 하지만 규제를 벗어나 자유와 방임 속에 놓인 아이들은 무절제 속에 불안해하며 방황합니다. 한계를 정해야 안정감이 생깁니다. 한계를 설정하려면 울타리 같은 규칙들이 필요합니다.

셋째, 아이가 부모님의 규제와 벌을 예측할 수 있게 도와주십시오. 아이가 예측하지 못했던 부모님의 '화'는 아이에게 순간 공포감과 함께 마음에 불안이 싹트게 합니다.

"네가 이렇게 하면 아빠는 화를 낼 거란다."라는 아빠의 '화'에 대한 경보음을 아이에게 미리 울려 주세요. 아빠가 경보음을 '삑' 하고 울렸는데도 불구하고 아이가 아빠가 정한 규칙을 계속 어긴다는 것은 아빠의 '화'에 대해서 마음의 준비를 하고 있다는 뜻입니다.

아빠가 화를 내도 아이는 아빠가 당연히 화를 내셨다고 생각하는 것이지요. 이런 경우는 뒤끝이 길지 않고 짧습니다!

친구 관계에서 힘들어하는 물고기

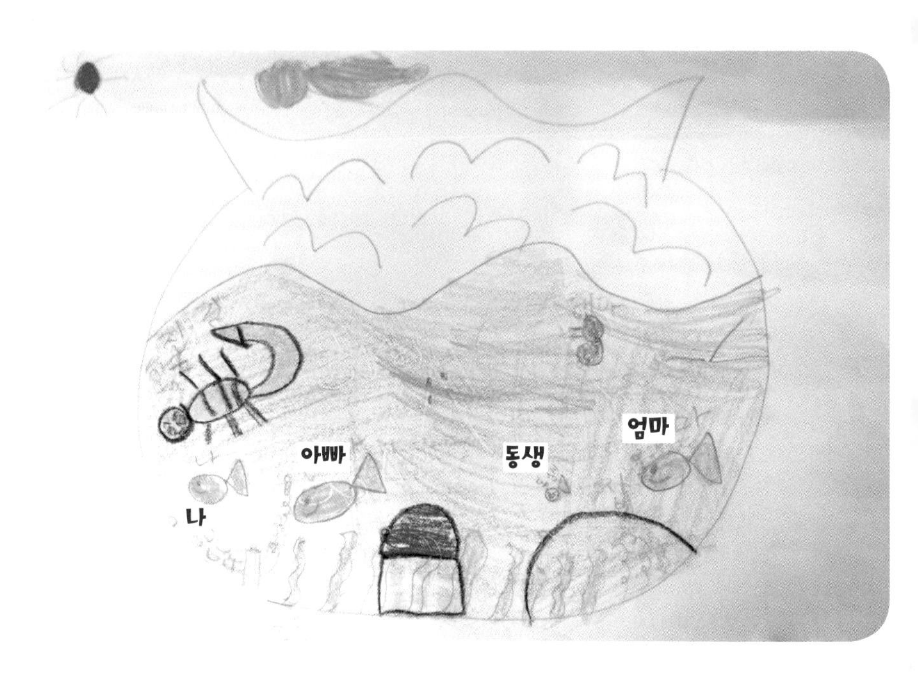

올해 8살 남자 아이의 그림입니다.

그린 순서는 아이 자신, 동생, 아빠, 엄마입니다. 그런데 아이에게 실제 동생은 없습니다. 물의 선이 적당하여 정서적으로 안정되어 보입니다.

어항에 비해서 물고기 크기가 작은 것으로 봐서는 내향적 성격, 위축, 소심함 등을 엿볼 수 있습니다.

엄마를 가장 나중에 그리고 제일 멀리 그린 점으로 미루어 엄마와의 긴밀한 상호작용은 없는 것으로 보입니다. 특히 없는 동생을 그린 점은 집에서 혼자 놀기에 좀 외로운 것 같습니다.

그런데 아이를 위협하는 전갈이 등장한 것이 특징입니다. 전갈은 아이 물고기보다 더 큰 힘을 소유하고 있으며 화를 내면서 아이 물고기를 방해하고 있습니다. 아마도 전갈 같은 친구로 인하여 아이가 스트레스를 받고 있음을 알 수 있습니다. 그런 친구를 피할 수 있는 은신처로 어항 안에 작은 집도 그린 것 같습니다.

이 가족에 미션을 드리겠습니다. 아이가 따분하지 않도록 엄마가 재밌게 놀아 주었으면 좋겠습니다. 아이의 자신감을 길러 주려면 엄마와 신체놀이를 마음껏 하는 것이 도움이 됩니다. 그리고 아이 주변에는 좋아하는 친구가 있는가 하면 싫어하는 친구도 있기 마련입니다.

싫어하는 친구를 피할 수 없는 법이죠. 그러한 친구들과도 같이 살 수 있는 방법을 아이가 스스로 터득하도록 도와줘야겠습니다.

그 방법들은 이러합니다. 아이에게 의사표현을 떳떳하게 할 수 있는 용기를 길러주고 아이가 남의 눈치를 보지 않고 자신감 있게 살 수 있도록 도와주세요. 이와 동시에 상대방의 마음에 공감하는 능력을 키워 주시고요….

책을 좋아하고 잠자리 배열에 불만이 있는 물고기

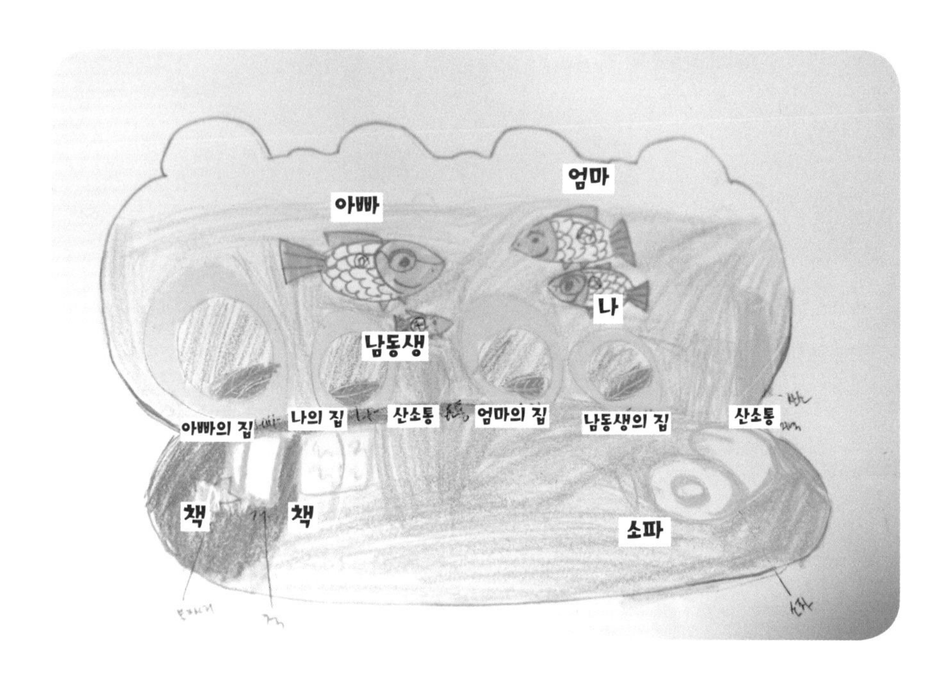

올해 12살 남자 아이의 그림입니다.

그린 순서는 아이자신, 아빠, 엄마, 남동생입니다. 남자 아이치고 물고기마다 비늘을 꼼꼼히 그린 것과 각자의 집까지 그리고 어항의 바닥을 잘~ 꾸민 것을 봐서는 여성스런 세밀함과 풍부한 감성을 엿볼 수 있게 합니다. 물고기들이 같은 색깔, 같은 모양, 웃는 표정, 한 곳을 쳐다보는 모습은 상호작용이 많은 화목한 가정임을 뜻합니다.

부모님들이 아이들보다 위에 있음은 아이를 존중해 주기보다는 매우 권위적인 분위기임을 의미합니다.

어항의 바닥이 절반을 차지할 정도로 넓은 점은 아동의 불안심리를 반영합니다. 안정의 욕구가 채워지지 않았음을 뜻합니다. 두 개의 산소통이 뜻하는 것은 아이의 답답함, 또는 의존성을 뜻합니다.

물고기 집들의 배열순서는 잠잘 때 누워 있는 위치라고 합니다. 그런데 아빠와 아이의 집을 산소통으로 엄마와 남동생의 집과 분리를 시켜 놓았습니다. 아이를 가장 먼저 그린 것은 가정에서 주목받고 싶은 소망을 뜻합니다. 아이 자신과 엄마를 가까이 그린 점도 엄마와 가까이 하고 싶은 바람을 뜻합니다.

이 가정에 미션 두 가지를 드리겠습니다.

잠자리 배열을 바꿔주세요.

아빠, 남동생, 엄마, 아이, 이렇게 하면 어떨까요?

아이가 잠자리 배열에 불만이 있어 보이니까요.

그리고 엄마의 관심과 사랑을 아이에게 더 뜨겁게 표현해 주시면 되겠습니다.

엄마가 유치원 선생님인 아이가 그린 물고기 가족화

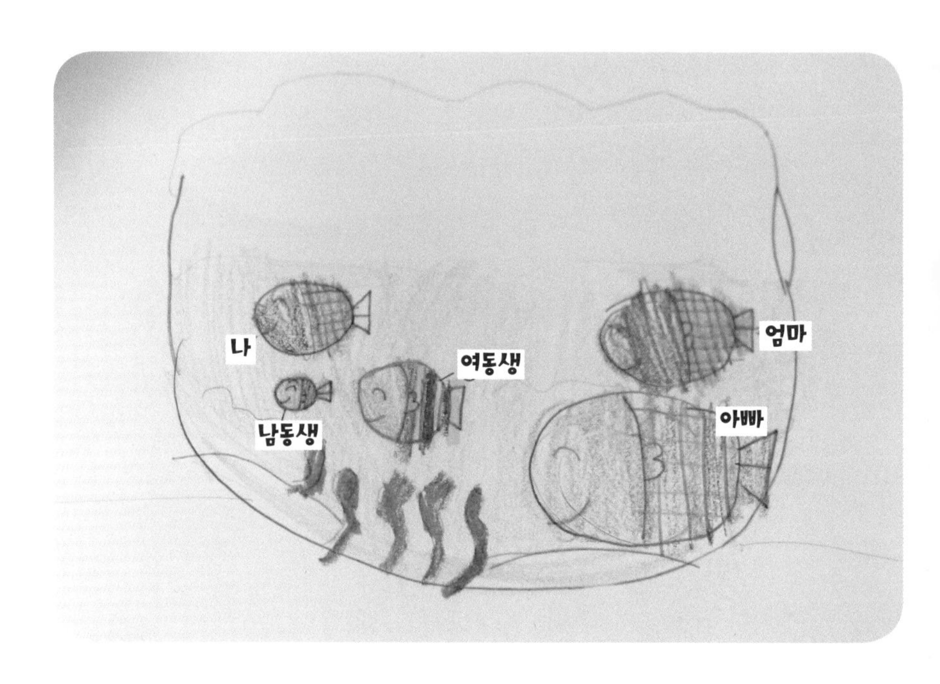

7살 여자 아이의 그림입니다.

아이는 자신을 가장 먼저 그리고 남동생, 여동생, 엄마, 아빠의 순서로 그렸습니다. 물의 선은 3분의 2로 정서적인 안정감을 보여주고 있고 물고기들이 모두 웃으면서 한 방향을 같이 바라보고 있는 모습은 화목한 가정임을 보여줍니다.

아빠 물고기의 크기가 가장 크면서 바닥을 지키고 있는 모습은 가정의 기둥이 탄탄함을 보여줍니다.

아이들을 부모보다 앞에 그린 점으로 미루어 아이들을 수용하고 존중해 주는 부모님임을 알 수 있으며, 크기가 아이들 물고기보다 부모 물고기가 더 큰 점은 부모의 권위가 있음을 뜻합니다.

아이가 자신을 맨 앞에, 맨 위에, 그것도 가장 먼저 그린 점은 자아존중감이 매우 높음을 뜻합니다.

어머니가 유치원 선생님이고 자녀 셋 때문에 지금은 휴직하면서 육아에 전념함으로 인해 좋은 결실이 나타나고 있음을 그림을 통해서 알 수 있습니다.

예술적인 감수성이 매우 뛰어난 물고기 가족화

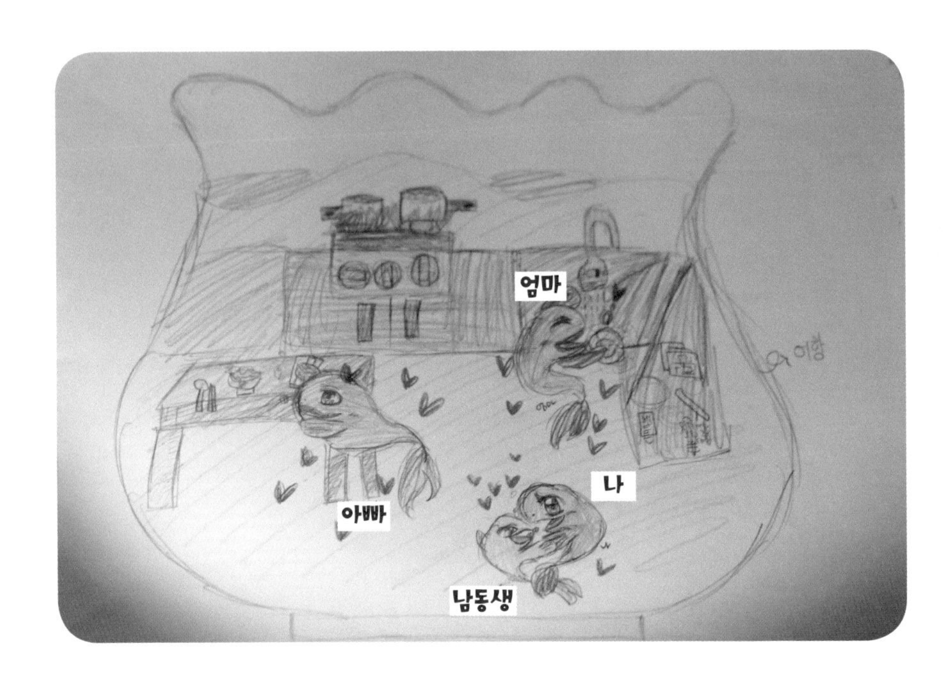

올해 12살인 여자 아이의 그림입니다. 그린 순서는 엄마, 아빠, 나, 3살짜리 남자 동생입니다.

엄마와 아빠 물고기의 크기가 차이가 크게 안 나고 엄마 물고기를 먼저 그린 점은 엄마와 아빠 물고기의 권위가 별 차이가 없음을 보여줍니다.

초등 4학년이라는 연령대에 비해서 매우 높은 완성도와 어른조차도 따라할 수 없는 섬세함과 아주 치밀한 구성도를 갖고 있습니다.

아이 마음속에 열정과 에너지가 무척 높다는 것을 알 수 있고 매우 꼼꼼하고 예민한 기질을 갖고 있으며 예술적인 감수성 또한 높아 보입니다.

적당한 물의 선과 어항 안의 단란한 모습과 웃고 있는 물고기들과 하트 표시는 아이가 가정 분위기에 만족해하고 있으며 아이의 정서가 안정된 모습을 보여주고 있습니다. 상차림을 도와주시는 아빠는 가정적이고 자상한 모습을 띠고 있으며 어머니는 가정살림에 충실한 것 같습니다. 그런데 아이와 마음이 소통하는 사람은 세 살짜리 동생인 것 같습니다. 둘만 서로 마주 대하고 있습니다. 엄마, 아빠 물고기와 아이 물고기 간에 공통점을 찾아볼 수가 없습니다. 아이 물고기에게는 엄마와 아빠 물고기가 등지고 있으며 서로 다른 곳을 쳐다보고 있습니다.

각자의 물고기는 맡은 일에는 충실하지만 서로 간에 상호작용이 있는 공통의 모습이 있었으면 더 좋을 것 같습니다.

상에 모여앉아 오손도손 이야기를 나누는 모습이 아이의 자존감 향상에 더 좋은 가정 분위기라는 것입니다.

이 가정에 미션을 드리겠습니다. 식사할 때 같이 재밌는 대화를 지금보다 더 풍성히 나눠 주세요.

에너지가 많고
열정적인 물고기

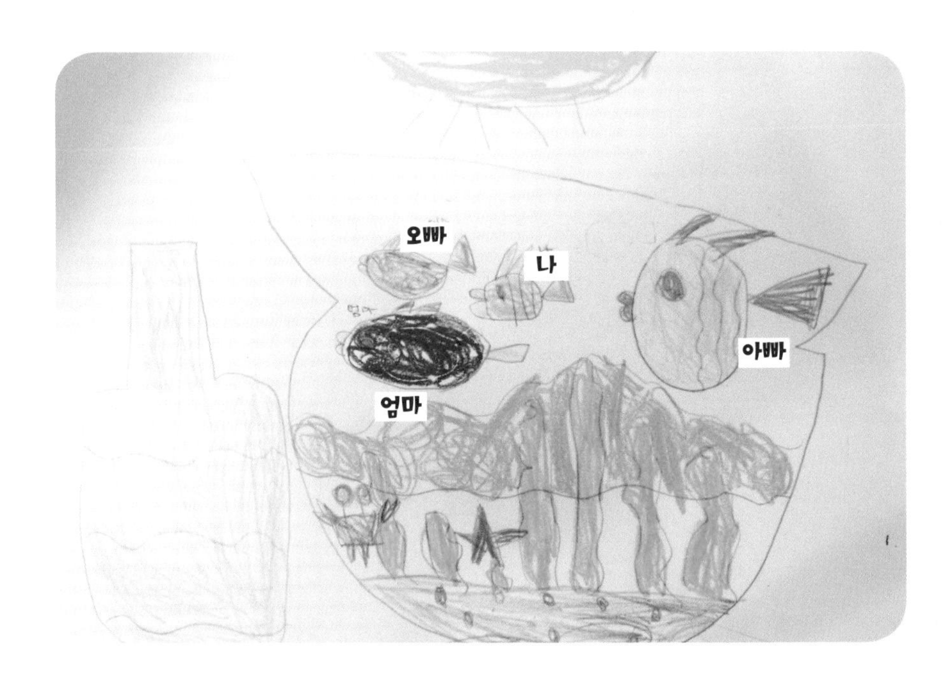

8살 오빠, 엄마, 아빠의 가족을 가진 7살 여자 아이의 그림입니다.

7살 여자 아이의 연령대에 비해서 표현력이나 완성도에서 볼 때 상상력과 창의력이 풍부한 편이고 그림에 소질이 있어 보이며 또한, 많은 에너지를 느낄 수 있게 합니다.

물고기들의 지느러미들이 비교적 크게 달려 있는 것으로 봐서는 가정이 활동적이고 자유로운 분위기로 보입니다.

물고기들이 모두 한 곳으로 바라보는 것은 서로간에 갈등이 없으며 상호작용이 오가고 있음을 보여 줍니다. 그러나 이처럼 활동적인 내용에도 불구하고 불안을 상징하는 표현이 많이 등장합니다. 어항을 비추고 있는 강한 램프(또는 햇님), 어항의 반만을 차지하고 있는 물선, 바깥에 있는 물병 등으로 외부 세계를 강조하는 표현은 사랑에 대한 갈망, 불안 및 외부로부터의 도움을 요청하는 안전에 대한 욕구를 나타내고 있습니다.

물고기들이 웃지를 않고 특히 모든 물고기들이 물 밖에 나와 있는 것은 욕구에 대한 해소 및 답답함을 호소하는 것으로 해석됩니다. 이처럼 그림은 역동적이고 자유로워 보일지라도 아이는 현재 자신의 감정과는 전혀 다른 행동을 함으로써 자신의 불안을 인식하지 않으려는 것일 수도 있습니다.

아이의 불안감을 해소하기 위해서는 아이 안에 쌓인 부정적 감정을 수용해 주는 부모님의 공감대화가 요구됩니다. 아이에게 자신의 감정을 정확히 읽고 그 감정을 표현하도록 도와주세요.

아이는 열정과 에너지를 품고 있으므로 밖으로 분출해 주는 신체활동을 많이 해주시고, 부모님의 따뜻한 애정표현을 앞으로 더 적극적으로 해주시길 바랍니다

현 상황에서 뛰쳐나가고 싶은 물고기

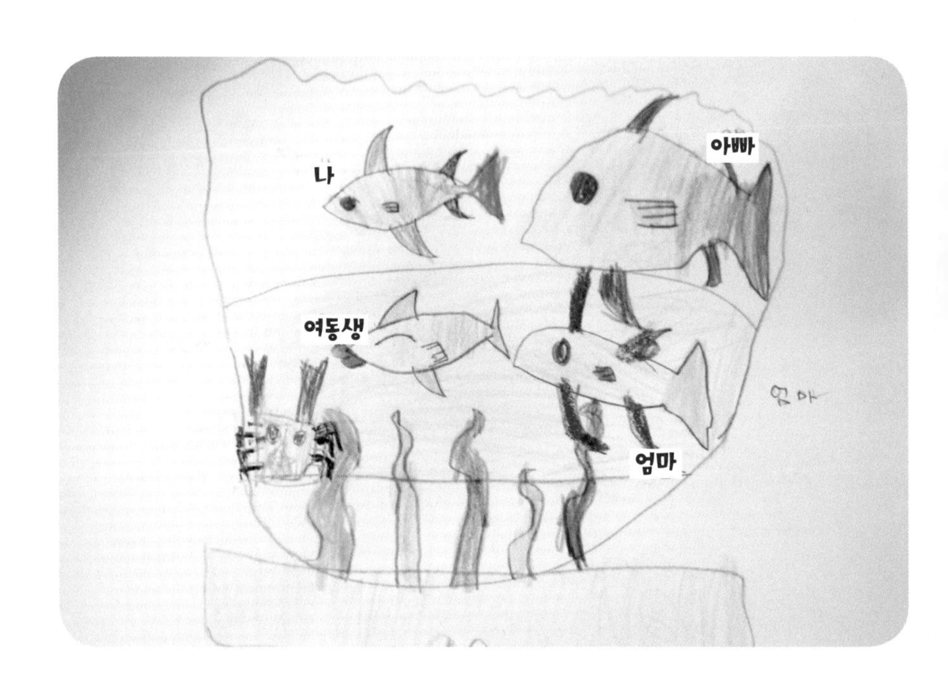

8살의 나, 7살의 여동생, 아빠, 엄마의 물고기 가족화입니다.

부모님보다 아이들을 앞에 그린 점은 아이들을 허용해 주고 존중해 주는 가정이라는 것을 알 수 있게 합니다.

아빠와 엄마의 물고기를 크게 그린 점은 부모님의 권위를 인정한다는 것이며 특히 아빠의 권위가 가장 세다는 것을 알 수 있게 합니다. 아빠의 파워가 엄마보다 세 배 정도로 무척 크나 봅니다.

아이 물고기가 물에서 뛰쳐나와 있는 것을 보니 첫째라서 그런 건지 학업 때문에 그런 건지 현 상황에서 빠져나오고 싶은 어떤 스트레스가 있나 봅니다. 엄마와 여동생은 물속에서 만족하고 사는 것을 보니 아이가 보기에 두 사람은 스트레스가 없습니다.

어항 밑에 받침대까지 그린 것을 보면 아이는 현 상태에 대한 불안감이 있습니다. 기본 정서는 만족감, 행복감이어야 아이의 정서에 안정감이 깃드는데 불만감, 걱정, 근심 등이 쌓이면 부정적 정서가 더 지배적일 수 있습니다.

물선이 절반밖에 채워져 있지를 않습니다. 욕구 불충족으로 인한 표현 같습니다. 부모님이 아이에게 잘 해주셔도 본래 애정의 욕구나 안정의 욕구가 워낙 커서 그럴 수도 있습니다.

사랑한다고 많이 표현해 주시고요. 사랑의 스킨십을 충분히 매일 해주세요. 그런데 여동생 물고기를 제외하고 나머지 물고기들이 웃지를 않고 무표정입니다. 걱정 근심들이 조금씩 있나 보네요.

아버지! 직장에서 많이 힘드셨어도 아이 앞에서는 감사해하면서 많이 웃고 행복한 모습을 보여주세요. ^^ 어머니! 걱정이 좀 있으셔도 아이 앞에서는 그냥 활짝활짝 웃어주세요.

집안의 확실한 서열에 만족하는 막내물고기

대학생인 큰 누나와 작은 누나가 있는 초등학교 5학년 남자아이의 그림입니다. 그린 순서는 아빠, 엄마, 큰 누나, 작은 누나, 나입니다.

아빠 물고기가 가장 크고 힘이 세 보입니다. 아빠의 권위가 바로 선 가정입니다. 아이와 가장 가깝고 친밀한 사람은 작은 누나로 보입니다.

가족 구성원의 물고기들은 모두 웃고 있습니다. 아이는 구성원들과 갈등은 없어 보입니다.

물고기들이 모두 똑같은 방향으로 헤엄쳐가고 있습니다. 가족끼리 상호작용이 있으며 화합적인 분위기입니다.

그런데 물고기들마다 물거품으로 분리를 해놓았습니다. 물방울 선으로 확실히 구분된 독립된 영역이 있나 봅니다. 가족 구성원끼리 갈등은 없어 보이나 친밀한 정서적 유대관계가 있기보다는 가족 구성원들 개개인마다 각자의 시간들을 따로따로 갖는 분위기인가 봅니다.

그런데 아이는 자신을 가장 작게 가장 물 밑에 그렸습니다. 이 가정은 아들 한 명이고 막내라고 아이를 더 예뻐해 주지는 않는 것 같습니다.

좋게 말하면 집안 서열이 아주 확실한 집안이고 나쁘게 말하면 아이는 가장 어리고 막내이므로 아이의 위치는 가장 밑으로 쳐진 가정의 꼴찌인 셈이죠.

어항의 밑바닥을 안정감 있게 꾸미고 어항의 물선이 부족하지도 않고 넘치지도 않는 것으로 봐서 아이는 현재 정서적 결핍상태는 아니고 정서적으로 안정되어 보입니다.

아이는 자신의 위치가 가장 밑이라고 해서 불만은 없으며, 당연하다고 여기고 있습니다. 어항의 색을 조화롭고 다양하게 색칠한 것을 보면 자신의 가정 분위기에 만족하고 있습니다.

집안의 서열이 잘 배치된 물고기들

그림을 그린 아이는 올해 7세 여아입니다.

6세의 여동생이 있고 일하는 엄마 때문에 이모가 살림과 육아를 도와주십니다. 친할아버지와 친할머니가 아이의 집근처에 살고 계십니다. 아이는 할아버지, 할머니, 나, 여동생, 아빠, 엄마, 이모의 순으로 그렸습니다. 아이의 머릿속에는 할아버지의 권위가 가장 센 집안이라고 생각하고 있습니다.

아빠, 엄마보다 자신과 동생을 먼저 그린 점과 자신과 동생을 아빠, 엄마보다 위에 그린 점은 부모님이 아이들 위주로 생활하고 있다고 생각합니다. 좋게 보면 허용적, 수용적인 집안인 것이고 나쁘게 보면 방임적인 집안일 수도 있습니다.

물고기들이 모두 한 방향을 쳐다보고 있는 공통점이 있으므로 이것은 화합적인 분위기이고 상호관계가 있음을 보여줍니다. 물고기들이 다 웃고 있으므로 아이는 모든 물고기들을 다 좋아하고 있으며 동생과는 갈등이 없어 보입니다.

그런데 어항에 물을 파랗게 넘치도록 가득 칠한 점으로 미루어 욕구의 그릇이 크다는 것을 알 수 있습니다. 즉 욕심이 많은 것이죠. 채워도 채워도 채워지지 않는 그런 느낌인 것이죠.

자신과 동생만 먹이를 먹고 있고 어른들은 먹이를 먹고 있지 않습니다. 아이는 말하기를 자기와 동생 물고기만 배고프고 다른 물고기들은 배가 부르답니다. 그 의미는 자신들의 채워지지 않는 욕구를 의미합니다. 아마도 애정의 욕구, 보살핌의 욕구 등일 것입니다.

워킹맘 소아과의사가 말하는 육아대화의 기술

아이의 자존감을 높이는 7단계 대화법

초판 1쇄 인쇄 | 2015년 3월 10일
초판 7쇄 발행 | 2017년 9월 20일

지은이 | 최유경
펴낸이 | 이기동
편집주간 | 권기숙
마케팅 | 유민호 이동호
주소 | 서울특별시 성동구 아차산로 7길 15-1 효정빌딩 4층
이메일 | previewbooks@naver.com
블로그 | http://blog.naver.com/previewbooks

전화 | 02)3409-4210
팩스 | 02)3409-4201
등록번호 | 제206-93-29887호

교열 | 임성옥
편집디자인 | 디자인86
인쇄 |상지사 P&B

ISBN 978-89-97201-20-4 03590

잘못된 책은 구입하신 서점에서 바꿔드립니다.
책값은 뒤표지에 있습니다.